Siegfried Wachtel/Andrej Jendrusch:
Der Linksdrall in der Natur
Eine Entdeckung und ihr Schicksal

Mit 80 Schwarzweißabbildungen

Deutscher
Taschenbuch
Verlag

Von den Autoren überarbeitete Ausgabe
September 1993
Deutscher Taschenbuch Verlag GmbH & Co. KG,
München
© 1990 LinksDruck Verlags-GmbH, Berlin
Titel der Originalausgabe: Das Linksphänomen.
Eine Entdeckung und ihr Schicksal
ISBN 3-86153-001-5
Umschlaggestaltung: Klaus Meyer
Gesamtherstellung: C. H. Beck'sche Buchdruckerei,
Nördlingen
Printed in Germany · ISBN 3-423-30374-3

Das Buch

»Lechts und rinks kann man nicht velwechsern«, dichtete
Ernst Jandl. Ob auch die Natur zwischen links und rechts
unterscheidet, danach suchten der Ostberliner Mikrobiologe Siegfried Wachtel und der ebenfalls aus Ostberlin
stammende Publizist Andrej Jendrusch: Fast alle Wett-
rennen bei Mensch und Tier verlaufen zum Beispiel in
Linkskurven; jeder Zirkusdompteur wird bestätigen, daß
er in der Arena die Tiere immer nur linksherum laufen
läßt, rechtsherum entstünde Chaos. Doch auch in Bereichen, die nicht vom Menschen beeinflußt sind, lassen sich
asymmetrische Drehungen finden: Fledermäuse verlassen
ihre Höhlen stets in Linksspiralen; Rankengewächse
winden sich immer in derselben Richtung, das Geißblatt
beispielsweise links-, die Ackerwinde rechtsherum; die
DNS bildet eine linkswendige Doppelspirale und so weiter. Nachdem Siegfried Wachtel genügend Beobachtungen in der Natur gesammelt hatte, begann er, erste Experimente zu unternehmen. Doch da schritt die Staatsmacht
der ehemaligen DDR ein, und was als Wissenschafts-
traum begann, wurde unversehens zum ausgewachsenen
Politthriller.

Die Autoren

Siegfried Wachtel, 1930 geboren, promovierter Medizi-
ner, arbeitete als Arzt und Mikrobiologe; zahlreiche
Fachpublikationen.
Andrej Jendrusch, Jahrgang 1958, studierte Romanistik.
Er ist als Dolmetscher, Herausgeber, Übersetzer und
freier Publizist tätig.

Inhalt

Das vorliegende Buch behandelt das leicht metaphysisch anmutende »Linksphänomen« auf zweierlei Art. Es beschäftigt sich einerseits mit verschiedenen Aspekten des Rechts-Links-Problems oder der Chiralität (Händigkeit) unserer Welt und macht dabei deutlich, daß Rechts und Links innerhalb der belebten Materie einen weitreichenden Informationsgehalt besitzen. Andererseits wird die Hypothese aufgestellt, daß die Fülle linksbetonter Wachstumsformen und Bewegungsabläufe in der Natur einer gewissen Systematik folgt, in die sich selbst Körperasymmetrien einordnen. So hat sich die vorherrschende Rechtshändigkeit des Menschen möglicherweise auch deshalb herausgebildet, weil er, ebenso wie viele Tierarten, Dreh- und Wendebewegungen in jene Richtung bevorzugt, in die auch die Mehrzahl der Schnecken, Windepflanzen und Schraubenbakterien wachsen, und in die sich nicht zuletzt die unseren genetischen Code tragende DNS-Spirale dreht – nach links!

Wie und warum solche Asymmetrien auftreten, kann im einzelnen oft nicht befriedigend geklärt werden. Wichtig scheint indes, daß es sie gibt und sich eine, offenbar durch bestimmte physikalische Faktoren beeinflußbare Verschiebung zugunsten der linken (oder rechten) Seite nicht, wie bislang angenommen, auf den Elementarteilchenbereich beschränkt. (Bekanntlich gelang der amerikanischen Forscherin Chien-Shiung Wu 1957 an Kobalt-60-Isotopen der experimentelle Nachweis, daß von radioaktiven Kernen ausgestrahlte Beta-Teilchen eine chirale Asymmetrie aufweisen: So entstehen beim Beta-Zerfall etwa 30 Prozent mehr links- als rechtshändige Elektronen. Für die theoretische Physik, die bis dahin von einem grundsätzlichen Richtungsgleichgewicht auch im Bereich der schwachen Wechselwirkungen ausgegangen war, Rechts und Links mithin als beliebig austauschbar erachtet hatte, bedeutete dies eine Wissenschaftssensation allerersten Ranges. Die von T.D. Lee und C.N. Yang vorausgesagte Entdeckung hieß fortan Sturz der Parität.)

Die folgenden Seiten beginnen dort, wo die meisten Abhandlungen zur Asymmetrie enden – bei Bewegungsformen. An ihnen soll veranschaulicht werden, wie ein Phänomen, das die Menschheit seit ihrer Entstehung begleitet und weite Bereiche der Kulturgeschichte und Philosophie, vor allem aber der Naturwissenschaften, durchzieht, nicht nur übergreifend wahrzunehmen, sondern auch zu nutzen ist. (Über die im Text verwendeten Arbeitsdefinitionen, insbesondere zu Kurven und Spiralbewegungen, siehe Anhang: Was ist Links?)

Rechts und Links waren in der Phantasie vieler Völker schon sehr frühzeitig von einer Aura des Geheimnisvollen umgeben. Auch erstaunt es, in welcher Übereinstimmung die zahlreichen Rechts-Links-Mythen mit der Entstehung der Welt in Zusammenhang gebracht werden. Geradezu schockierend aber ist, wie unglaublich modern viele von ihnen dem Naturwissenschaftler des 20. Jahrhunderts erscheinen müssen. So werden die Geschwistergatten Fuxi und Nügua, das altchinesische Urpaar, meist mit verschlungenen Beinen als Rechts- bzw. Linkshänder dargestellt. Wie wir heute wissen, kommen bei Zwillingen in der Tat häufig unterschiedliche Händigkeiten, bei siamesischen Zwillingen gar Inversionen der inneren Organe vor, das heißt, ein Organismus hat das Herz auf der rechten und die Leber auf der linken Seite! In alten indischen und jüdischen Schriften ordnete man der linken bzw. rechten Seite rationale und emotionale Kategorien in einer Weise zu, wie sie europäische und amerikanische Hirnforscher erst in den letzten Jahren vorzunehmen begannen! Jahrtausendealte Bestattungsriten indonesischer Reisbauern gehen von einem Totenreich aus, dessen Bewohner alle Verrichtungen der Lebenden vollführen – nur tun sie dies spiegelverkehrt. Sie essen mit der linken Hand, bestellen ihre Felder mit seitenvertauschtem Akkergerät und laufen am linken Wegrand, um den Lebenden nicht zu begegnen, da ein solches Zusammentreffen für beide Seiten fatale Folgen hätte. Eine geniale Metapher für die physikalische Antiwelt!

Unten und Oben lassen sich vom Masseschwerpunkt des Planeten ausgehend definieren, Vorn und Hinten von der Laufrichtung des Betrachters. Rechts und Links jedoch galten lange Zeit als störrisches Paar, das sich jeder wissenschaftlichen Einordnung erfolgreich widersetzte. Eine Übermittlung dieser Richtungszuweisungen an Bewohner einer unbekannten Galaxis bezeichneten Techniker und Naturwissenschaftler gleichermaßen als unmöglich (Ozma-Problem). Als Geographen erstmals die leicht birnenförmige Erdgestalt mit ihrem geringfügig abgeplatteten Südpol nachwiesen, schien es möglich, zunächst Nord und Süd und anschließend, mit Hilfe eines stromdurchflossenen Leiters und einer Magnetnadel (siehe Kapitel: Physikalisch-technische Aspekte), Links und Rechts zu bestimmen. Dieses Verfahren setzt jedoch voraus, daß sich die astronomischen, geographischen und nicht zuletzt elektromagnetischen Verhältnisse unserer Welt (später kamen noch andere Faktoren hinzu) exakt auf die Heimat unserer Gesprächspartner übertragen lassen. Andererseits wären wir ohne eindeutige Zuweisungen von Rechts und Links noch nicht einmal in der Lage, die Umlaufrichtung unseres Planeten mitzuteilen – mit einem Wort, man war so klug wie zuvor.

Die Schwierigkeit, den Termini Links und Rechts bleibende Allgemeingültigkeit zu verleihen, sie womöglich als meß- und berechenbare Vektoren zu gebrauchen, beschäftigte die bedeutendsten Denker von der Antike bis zur Gegenwart. Entsprechende Fragestellungen fanden im letzten Jahrhundert zunehmend Eingang in die Naturwissenschaft, um sich nun erneut in die Philosophie zu verlagern. Nahmen Platon und Aristoteles, Newton, Leibniz und Kant entweder eine göttliche Festschreibung oder eine beliebige Austauschbarkeit beider Begriffe an, die in jedem Falle ihres Inhalts beraubt wurden, so scheint nach dem gegenwärtigen Erkenntnisstand der Atomphysik das Ungleichgewicht zwischen Links und Rechts so ziemlich die einzige Klammer zu sein, die unsere Welt definitiv mit anderen Welten verbindet. Diese absurd wirkende Behauptung stützt sich auf die erwähnte Paritätsverletzung beim Beta-Zerfall und die erst unlängst erkannte starke Einbindung des Rechts-Links-Problems in Ladungs- und Materieverhältnisse. Der bereits erwähnte Kernphysiker und Nobelpreisträger C. N. Yang formulierte vor gut dreißig Jahren, bezogen auf das Elektron und sein Antiteilchen, das Positron: »Wenn wir Spiegelreflexion definieren als Vertauschung von Rechts und Links plus Umkehrung der Ladungen, dann bleibt die Symmetrie erhalten.« Heute müßten wir mindestens eine weitere Größe hinzufügen: die Richtung der Zeit. (Seit 1964 werden beim unregelmäßigen Mesonenzerfall Erscheinungen beobachtet, die auf eine Verletzung der Zeitumkehr schließen lassen.)

Über die Zusammenhänge zwischen der Rechts-Links-Problematik und elektrischen Ladungen (auch im Atomkern) wird noch an anderer Stelle ausführlicher zu sprechen sein. Wie es beim Aufeinanderprallen spiegelbildlicher Bestandteile von Materie und Antimaterie zur vollständigen Zerstrahlung kommt, lernen unsere Kinder heute bereits in der Schule. Die Auswirkungen einer rückwärts ablaufenden Zeit hingegen, also eines notwendig folgerichtigen Prozesses, in dem uns vertraute Ursachen aus uns vertrauten Wirkungen resultieren, läßt sich am Atommodell (ein häufig strapaziertes Beispiel ist der Zusammenstoß zweier Billardkugeln) noch einigermaßen plausibel durchspielen. Im Großen jedoch wirkt es wenig einleuchtend, daß sich Scherben mit heftigem Klirren zu einem unversehrten Teller zusammenfügen sollen, um uns dank eines mächtigen Energieimpulses vom Küchenboden her in die ungeschickte Hand zu schnellen. Man fragt sich, wie das Wasser vom Leib des Turmspringers so abrupt abperlen mag, damit er, nach graziösem Rückwärtsschwung, auf dem zehn Meter hohen Podest trocken zum Stehen kommt. Schüttelt schließlich ungläubig den Kopf über eine verendete Wildente, die taumelnd in die Lüfte steigen soll und – nachdem sich die Bleikügelchen aus ihrer Brust mit den übrigen zu einer Schrotladung vereinigt haben, die dem Jäger treffsicher in die Mündung seiner Flinte saust – unversehrt und fröhlich schnatternd, rückwärtsgewandt davonfliegt.

Diese Beispiele wirken paradox, weil in unserem Alltag Porzellanscherben oder Wasser, tote Enten oder Schrotkugeln über entschieden andere Eigenschaften verfügen, weil wir an derart komplexen und zielgerichteten Reaktionen den Zufall vermissen und mit unserem sogenannten gesunden Menschenverstand die bekannten Naturgesetze außer Kraft gesetzt sehen. Letzteres ist nicht der Fall, obwohl anzunehmen bleibt, daß eine Welt mit rückwärtsgewandter Zeit (der Begriff steht letztlich für nichts weiter als eine der möglichen Spiegelungen und macht ja nur von unserer Weltsicht aus gebraucht einen Sinn) anders und vielleicht viel simpler funktionieren würde. Und verglichen mit der vollständigen Regenerierung unseres zerschlagenen Tellers ist es kaum weniger wunderbar sich vorzustellen, wie unter steter Energiezufuhr von Vulkanismus und gewaltigen elektrischen Entladungen in den Urmeeren aus einzelnen Kohlenwasserstoffmolekülen allmählich Aminosäuren entstanden, welche jene hochkomplizierten linksgedrehten Proteine und Nukleinsäuregemische bildeten, die wir mit dem vertrautesten, zärtlichsten und geheimnisvollsten aller Namen belegen: Leben.

Als ich zehn Jahre alt war, zogen meine Eltern von Wernitz-
grün nach Markneukirchen, um mir den Besuch der Ober-
schule zu ermöglichen. Das stark bewaldete Vogtland,
Westausläufer des Erzgebirges und südlichster Zipfel Sach-
sens, ist im Winter meist tief verschneit. Die Ortsansässigen
sind schon von Kindesbeinen an mit dem Skifahren vertraut,
und auch ich begann bald Gefallen an dem schönen Sport
zu finden. Gute Voraussetzungen für den Abfahrtslauf fanden sich unweit unseres Hauses an einem der gegenüber-
liegenden Hänge, dem Kreilberg. Das Tal wurde von einem
schmalen Rinnsal durchschnitten, einem schnellfließenden
Bach, der auch bei klirrender Kälte nicht gefror. Diese Besonderheit der Piste zwang die Skienthusiasten, ihre Fahrt
entweder vorzeitig abzubrechen oder dem Wasserlauf aus-
zuweichen. Für den geübten Läufer erhielt die Strecke dadurch einen zusätzlichen Reiz. Meine Spielgefährten und
ich stapften also schwitzend unseren Berg hoch und fuhren
ihn dann, je nach Erfahrung, mit mehr oder weniger Ge-
schick wieder hinunter. Woche für Woche.

Eines Tages stand ich oben auf dem Berg und bereitete
mich wie gewohnt auf die Abfahrt vor, kontrollierte die Bin-
dungen, steckte die Hände in die Schlaufen meiner Ski-
stöcke und blickte nach unten. Dabei fiel mir auf, daß ich
dem Bach stets nach links ausgewichen war. Diesmal beschloß ich, eine Rechtskurve zu fahren. Gesagt, getan. Ich
stieß mich elegant ab, schoß den Berg hinab, bog nach
rechts ab – und steckte mit dem Kopf im Schnee. Natürlich
glaubte ich an einen Zufall und wiederholte mein Vorha-
ben. Mit exakt demselben Resultat. Nun fühlte ich mich
doch ein wenig in meiner Ehre getroffen und fing an,
Rechtskurven zu üben, bis ich endlich, wenngleich noch auf
recht wackligen Beinen, unbeschadet am Fuße des Hanges
zum Stehen kam. Während dieser Übungen bemerkte ich,

daß meine Bewegungen eckig und ungelenk waren und ich bei dem ganzen auch ein recht flaues Gefühl im Magen hatte. So etwas war mir bei Linkskurven nie aufgefallen. Ich fuhr nun absichtlich mehrere Male nach links und nach rechts, um beide Varianten besser miteinander vergleichen zu können. Doch sowohl die motorischen Schwächen als auch das diffuse Unwohlsein bei den Rechtskurven blieben unverändert erhalten, so daß ich meine Ungeschicklichkeit bald nicht mehr allein mit fehlender Gewöhnung zu erklären vermochte. Merklich verunsichert stand ich da und sah prüfend an mir herab: zwei Arme, zwei Hände, zwei Beine, zwei Füße, eine scheinbar vollkommene Symmetrie und trotzdem dieser vertrackte Unterschied zwischen Rechts und Links. Ob es daran lag, daß ich Rechtshänder war? Allerdings leuchtete mir der Zusammenhang nicht sonderlich ein. Immerhin führte mich dieser Gedanke gleich zur nächsten Frage: Warum ist Linkshändigkeit Ausnahme und Rechtshändigkeit Regel?

In solcherlei Betrachtungen versunken, schaute ich meinen Skifreunden zu. Auch sie wichen dem Bach aus. Und zwar ausnahmslos in einer Linkskurve! Rasch war ich bei ihnen und fragte, warum sie nur in diese Richtung fahren würden. Die Angesprochenen wirkten zunächst selbst verblüfft, ihre unterschiedlichen Antworten liefen jedoch im Kern immer wieder auf dasselbe hinaus: »Wenn man rechtsherum fährt, fällt man hin.«

Wir versuchten nun gemeinsam, diesem Phänomen beizukommen, aber keiner wußte es sich zu erklären. Andererseits maßen wir der Angelegenheit auch keine übergroße Bedeutung bei, und schon ein paar Tage darauf hatten wir alles wieder vergessen.

Sieben Jahre älter geworden, hatte ich andere Interessen und andere Freunde. Auch die Freizeitvergnügen sahen inzwischen anders aus. Eines Abends lud uns ein Bekannter, ein junger Malermeister, der bereits zu einigem Wohlstand gekommen war, zu einer Party ein. Wir folgten seiner Einladung gern, denn neben dem für die damalige Zeit (unmittelbar nach Kriegsende) ungeheuerlichen Luxus eines französischen Kamins und einer wohlausgestatteten Hausbar besaß er noch diverse andere Annehmlichkeiten, die einem die Zeit wie im Fluge vergehen ließen. Wir tanzten also, rauchten, plauderten und kamen dabei bald vom Hundertsten ins Tausendste. Bei dieser Gelegenheit fiel mir auch die längst vergessene Episode vom Skihang wieder ein. Ich staunte nicht schlecht, als meine Freunde die Beobachtung nicht nur für den Skilauf bestätigten, sondern sie sogar noch auf das Schlittschuhlaufen und Fahrradfahren ausdehnten und unser Gastgeber mit brillant beiläufiger Geste auf das Autofahren verwies. Nun besitzen Autos durch ihre Links- bzw. Rechtslenkung eine vorgegebene Asymmetrie, aber dieses Moment kam bei den anderen Beispielen nicht zum Tragen. Da das Linksphänomen, so hatten wir es kurzerhand getauft, nur als solches zu bezeichnen ist, wenn sich das Individuum zwischen Rechts und Links unbeeinflußt entscheiden kann, kramten wir aus unseren Köpfen, was wir noch von der Schule her über Magnetismus, Erdanziehung und Fliehkraft wußten. Zur Demonstration des Corioliseffekts (der Trägheitskraft der Erde) holte jemand sogar einen Globus und ließ ihn vor unseren Augen rotieren. Doch je länger wir über das Problem nachgrübelten, desto deutlicher wurde, daß keiner von uns eine auch nur halbwegs brauchbare Erklärung anzubieten hatte. Wir gaben unser fruchtloses Bemühen schließlich auf – nicht zuletzt deshalb, weil jeder von uns wohl insgesamt an seine eigene mangelnde Sachkenntnis dachte, die er vor den anderen freilich nie eingestanden hätte.

Erneut waren mehrere Jahre vergangen. Ich hatte inzwischen in verschiedenen Kliniken als Krankenpfleger, Laborassistent und Arzthelfer gearbeitet und studierte nun an der medizinischen Fakultät der Humboldt-Universität Berlin. Meine Frau und ich lebten in einem winzigen, noch dazu ungeheizten Kämmerchen in Lehnitz, nördlich von Berlin. Das Zimmer wurde uns bald zu klein, und so machten wir uns auf die Suche nach einer Wohnung. Nach mehreren

Tagen hatten wir etwas Vielversprechendes gefunden: ein kleines, ziegelgedecktes Häuschen mit Ofenheizung und elektrischer Freileitung. Zwischen den Gehwegplatten wucherte Gras und auch das verrostete Schlüsselloch der Gartenpforte zeugte davon, daß das Anwesen seit längerem nicht mehr betreten worden war. Wir erkundigten uns bei den Grundstücksnachbarn und erhielten die Adresse der Besitzerin. Nach kurzen Verhandlungen wurde ein Vertrag aufgesetzt und fortan wohnten meine Frau und ich in »unserem« Haus am Adlerweg.

Vor Einbruch des Winters baute ich ein Vogelhäuschen und stellte es auf einem Pfahl vor dem Küchenfenster auf. Der Winter kam und mit ihm die ersten hungrigen Gäste. Futter hatte ich reichlich gestreut, und der Andrang der Meisen, Rotkehlchen und Spatzen war groß. Hinter dem Futterhäuschen saßen die Vögel auf der Gartenhecke, zwitscherten, zausten sich und warteten, bis die Luft »rein« war. Dann schwirrten sie in weitem Bogen zu den ausgelegten Körnern, taten sich daran gütlich und flogen zurück zu ihrer Hecke. Als ich eines schönen Tages wie gewohnt am Fenster saß und dem munteren Treiben zusah, stutzte ich: Die Vögel flogen durchweg in einer Linkskurve ins Futterhäuschen und sie verließen es auch wieder in einer Linkskurve! Ich rief meine Frau ans Fenster. Wir hatten bereits über das Phänomen gesprochen und sie wußte sogleich, worauf ich hinauswollte.

In Berlin ergab sich die Möglichkeit, weitere Beispiele zusammenzutragen. Da ich einen übergreifenden Charakter des Bewegungsphänomens annahm, nutzte ich manche Stunde neben dem Medizinstudium für Beobachtungen im Westberliner Zoologischen Garten. Bald wurde ich fündig. Ich entdeckte einen künstlich angelegten Felsen neben einem halbrunden Wasserbecken, in dem sich Robben tummelten. Unweit des Geheges standen, ein wenig erhöht, mehrere Bänke, auf die man sich setzen konnte, um das Spiel der Robben zu verfolgen. Diese hechteten mit einem prächtigen Kopfsprung vom Felsen ins Wasser und schwammen auf den Beckenrand zu. Ich achtete streng darauf, nur jene zu bewerten, die im rechten Winkel auf die Wand zusteuerten. Und wieder sah ich, daß sie der Mauer in einem Linksbogen auswichen.

Meine Eindrücke vervollständigten sich bei einem Frühlingsspaziergang in den Wäldern von Lehnitz. Hier stieß ich auf einen Bienenschwarm, der traubenförmig an einem kleinen Strauch hing. Mein erster Gedanke galt dem Honig, eine für die damalige Zeit keineswegs zu verachtende Köstlichkeit, zumal für jemanden, der nur ein geringes Stipendium erhielt. Doch wie sollte ich die Bienen nach Hause bringen und wo konnte ich sie aufbewahren? Die Bewohner eines nahegelegenen Gehöftes kamen mir zur Hilfe. Sie statteten mich mit einem Wäschekorb aus Strohgeflecht und einem Paar Lederhandschuhen aus. Die Krönung aber war eine große Käseglocke aus Fliegengaze, die ich mir mit einem Schal vor das Gesicht band. So gelang es tatsächlich, die Bienen mit mehreren Zweigen vorsichtig in den Korb zu verfrachten. Daheim angekommen, lieh ich mir von einem befreundeten Imker eine Originalbehausung, spritzte sie nach seinem fachmännischen Rat mit Zuckerwasser aus und lockte die Bienen hinein. Als ich am nächsten Morgen hinaus in den Garten trat, waren die Bienen bereits unterwegs. Erst abends kehrten sie wieder zurück.

Unser Garten war von hohen Birken umgeben. Da Bienen nicht gern durch Baumkronen fliegen, mußten sie zunächst einmal an Höhe gewinnen, bevor sie zum Honigsammeln ausschwärmen konnten. So beschrieb der Schwarm in der ersten Flugphase stets Spiralen von fünf bis sieben Metern Durchmesser. Und mein inzwischen geübtes Auge bemerkte sofort die Linksdrehung. Keine einzige Biene, die ausscherte und eine Rechtsspirale flog.

Kurze Zeit später entdeckte ich beim Heimweg auf einem kleinen Trampelpfad, der entlang des Bahndamms durch ein Birkenwäldchen führte, eine junge Nebelkrähe. Sie war offenbar aus dem Nest gefallen und lag nun hilflos flatternd am Wegrand. Da weder Nest noch Altvögel zu entdecken

waren, beschloß ich, das schon stark geschwächte Vögel-
chen mit nach Hause zu nehmen. Ich taufte es Joko und
widmete mich fortan seiner Aufzucht, was, wie sich bald
herausstellte, gar nicht so einfach war. Bald hatte der Vogel
das Nötigste gelernt, um sein beschauliches Gartendasein
zu fristen, allerdings haperte es entschieden mit dem Fliegen. Wann immer ich ihn hoch in die Luft warf und dazu
animierend mit den Armen ruderte, zwinkerte mir Joko
fröhlich aus seinen blanken Äuglein zu, rümpfte den Schnabel – und ich mußte mich sputen, um ihn an der voraussicht-
lichen Absturzstelle wieder aufzufangen. Die umherstreu-
nenden Katzen hatten entweder Respekt vor Jokos gewalti-
gem Schnabel, oder sie bezweifelten, daß der inzwischen
halbwüchsige Vogel tatsächlich nicht flugfähig war. Jedenfalls ließen sie ihn ungeschoren.

Eines Tages nun sah ich Joko reglos im Garten stehen. Er
hatte den Kopf nach links gewandt und blickte mit dem
rechten Auge starr auf die Erde. Da er sonst bei seiner
Futtersuche schon nach kurzem Blick zuzupicken pflegte,
kniete ich mich neben ihn und suchte nach dem Gegenstand
seines Interesses. Ich konnte indes nichts Auffälliges bemerken. Schließlich fiel mir ein, Joko könnte ja auch statt nach
unten nach oben schauen. Ich sah also zum Himmel und
entdeckte sofort den Grund seines merkwürdigen Geba-
rens. Über uns kreiste völlig lautlos ein riesiger Krähen-
schwarm. (Übrigens entgegen dem Uhrzeigersinn, also in
einer Linkskurve.) In der Annahme, die Krähen könnten
meinem Schützling ein Leid zufügen, nahm ich ihn auf die
Arme und suchte Zuflucht in der Küche. Sofort stießen die
schwarzen Vögel herab und flogen unter lautem Gekreisch
mehrmals um unser Haus. Ein erfahrener Jäger erklärte mir
später, daß dieses Verhalten für Rabenvögel durchaus typisch sei und zur sogenannten Hüttenjagd genutzt werde,
um starke Krähenplagen zu bekämpfen. Dazu wird eine
Krähe getötet und weithin sichtbar auf eine Wiese gelegt.
Dicht daneben wird ein Falke angepflockt, dem man zuvor
eine feste Lederhaube über den Kopf gestülpt hat. Eine zu-

fällig vorbeifliegende Krähe alarmiert ihre Artgenossen, und schon bald beginnt ein mächtiger Schwarm über dem vermeintlichen Mörder zu kreisen. Ist eine bestimmte Mindestanzahl erreicht, stoßen die erzürnten Vögel einzeln herab, suchen mit ihren Schnäbeln nach dem Kopf des Falken zu hacken und fallen dabei den Gewehrkugeln der im Unterholz oder in einer Hütte verborgenen Jäger zum Opfer. Je mehr tote Krähen am Boden liegen, desto aufgebrachter wird der kreisende Schwarm, immer neue Krähen der Umgebung fliegen hinzu – und werden abgeschossen. Und sowohl beim Kreisflug als auch beim Zustoßen sollen die Krähen Linkskurven bevorzugen.

Von einem entfernten Verwandten, der neben einer Zucht von Aquarienfischen eine große Nerzfarm und diverses andere Getier besaß und über ein hohes Maß an biologischem Fachwissen verfügte, erfuhr ich, daß auch die Nerze seiner Farm, etwa 900 Zuchttiere, das vordere Drahtgitter ihrer Gehege ansprangen und dann vorwiegend über die linke Schulter wendeten, ganz wie Sportschwimmer am Ende der Bahn.

Um Näheres über das Rätsel zu erfahren, wandte ich mich in Berlin an Leute, die von Berufs wegen mit Tieren zu tun hatten. Mir fielen die Zirkusdompteure ein, die ihre Vierbeiner – ob nun Pferde, Löwen oder Bären – in der Manege ja auch in der Regel linksherum laufen oder tänzeln lassen. Einen Zirkus gab es in der Nähe unserer Hörsäle, und ich fand auch bald Gelegenheit, ihn zu besuchen. Es war der Zirkus »Barlay« in der Friedrichstraße. Ich erkundigte mich dort nach dem Dompteur und wurde an einen Mann verwiesen, der gerade im Hof mit einem Elefanten probte. Der Graurüssel war als Wegweiser schwerlich zu übersehen, und der kleine rotgesichtige Mann an seiner Seite winkte mich zu sich heran. Wir kamen ins Gespräch, und ich erfuhr, daß er sämtliche Zirkustiere für den Auftritt vorbereitete. Auf meine Frage, warum er sie in der Manege immer nur linksherum laufen lassen würde, erhielt ich, zu meinem nicht geringen Erstaunen, folgende Antwort. »Sehen Sie, rechtsherum geht es nicht, da schlagen die Pferde aus. Die Großkatzen beißen oder werden kopfscheu. Wenn man sie linksrum treibt, tun sie das nicht – und den Zuschauern ist es ja letztlich egal, wie die Tiere in der Manege laufen.« Unter Dompteuren sei dies international bekannt, aber warum sich die Tiere so verhielten, wisse er auch nicht.

Bestätigung dafür fand ich später durch eine flüchtige Beobachtung auf dem Berliner Weihnachtsmarkt. Neben den bekannten Attraktionen gab es dort, zur Freude der kleinsten Besucher, auch ein Ponykarussell. Vor den Wagen, die auf einer Art Schienenbett standen, waren fünf oder sechs Ponys angeschirrt. Auf Peitschenknall begann die Fahrt. Auffällig war, daß sich das lebende Karussell im Uhrzeigersinn, also rechtsherum drehte. Die lachenden Kinder störte das nicht im geringsten, wohl aber die Ponys. Sie machten einen ausgesprochen unruhigen Eindruck, schüttelten die Köpfe, stampften mit den Hufen, und auf den Warntafeln am Zaun stand in großen Lettern zu lesen: »Vorsicht, Tiere beißen!« Ich überlegte ernsthaft, ob ich dem Besitzer des kleinen Fuhrunternehmens vielleicht einen Hinweis geben sollte. Da mir aber die Umrüstung seiner Anlage sehr kostspielig schien und ich mich auch nicht in lange Debatten verstricken lassen wollte, verzichtete ich auf jegliche Bemerkung.

Ich weiß noch, daß mich die Aussage des Zirkusdompteurs damals sehr nachdenklich stimmte. Auf dem Rückweg zum S-Bahnhof Friedrichstraße, ging ich am Taxistand vorbei und kam auf eine neue Idee. Wenige Tage darauf führte ich hier meine nächste Befragung durch. Diesmal wandte ich mich an die Taxichauffeure und erkundigte mich nach ihrem gewohnten Fahrverhalten. Von den rund siebzig Angesprochenen, unter denen sich auch zwei Linkshänder befanden, gaben alle an, eine adäquate Ausgangslage vorausgesetzt, Linkskurven zu bevorzugen.

Ich unterbrach meine Suche zunächst einmal mit dem Ziel, mich um eine systematische Einordnung und Klärung der bisherigen Beobachtungen zu bemühen. Dazu wollte ich einige Professoren in Berlin aufsuchen und sie um eine Erklärung des Phänomens bitten. Als erstes entschied ich mich für Professor Kirsche, einen Experten für Anatomie des Gehirns und Nervensystems, und bat seine Sekretärin um einen Termin. Der Dozent der Humboldt-Universität empfing mich zur ausgemachten Stunde und erkundigte sich freundlich nach meinem Begehr. Ich legte ihm meine Geschichte dar und fragte, ob er aus der Sicht des Anatomen, insbesondere was die Hirnstruktur anging, eine mögliche Erklärung des Phänomens wüßte. Professor Kirsche hatte aufmerksam zugehört und die Darstellung offensichtlich gebilligt, konnte aber selbst keine triftige Ursache finden. Er empfahl mir, mich an einen Kollegen seiner Universität, Herrn Professor Tembrock vom Zoologischen Institut, zu wenden. Dieser sei Verhaltensforscher und wüßte vielleicht mehr darüber zu sagen. Auch bei ihm bekam ich bald Gelegenheit, meine Fragen loszuwerden. Professor Tembrock teilte mir damals mit, daß er sich zwar mit Bewertungsstereotypen im Tierreich beschäftigt hätte, zu der angesprochenen Links-Rechts-Problematik jedoch auch keine erschöpfende Antwort geben könnte. Er verwies mich auf einen Professor Ludwig in München, dessen Buch ›Das Rechts-Links-Problem‹ in seiner Bibliothek stand. Ich verabschiedete mich dankend und wollte gerade die Haustür im Erdgeschoß öffnen, als Professor Tembrock sich über das Treppengeländer beugte und mich zurückrief. Er habe soeben den Anruf erhalten, daß besagter Professor Ludwig überraschend gestorben sei.

Ich bestellte umgehend das erwähnte Buch, fand darin aber nur eine kurze Passage über das Bewegungsproblem. Das übrige Werk befaßte sich mit vorwiegend anatomischen Fragestellungen der Asymmetrie im Tierreich. Zum Schluß seiner ausgesprochen gründlichen Recherchen über die unter diesem Gesichtspunkt auffälligen Gattungen im Tierreich gelangte der Autor zur Feststellung, daß »für die Verteilung von Rechts und Links im Tierreich das verantwortlich und maßgebend ist, was wir gemeinhin als Zufall bezeichnen«. Das widersprach allem, was ich bislang an Säugetieren, Vögeln und Insekten beobachtet hatte und schien mir weniger eine Erklärung, als vielmehr Ausdruck des Fehlens einer Erklärung zu sein.

Aristoteles behauptete in seiner Naturbeschreibung, daß Pflanzen als niedere Entwicklungsstufe organischen Lebens zwar über ein Oben und Unten, im Unterschied zu den Tieren jedoch über kein Rechts und Links verfügten. Diese Einschätzung stellte sich als genialer Irrtum heraus, der die Wissenschaftsentwicklung stärker befruchtet hat als tausend platte Wahrheiten.

Heute steht fest, daß die Urorganismen – kugelförmig gallertartige Zellkonglomerate – im Verlaufe von Jahrmillionen allmählich dorsiventrale (Rücken-Bauch) und Rechts-Links-Symmetrien ausbildeten. Diese waren sowohl Ausgangspunkt als auch Produkt selbständiger Fortbewegung. Jene wiederum ein entscheidender Faktor im Überlebenskampf. Bilateral geformte Vorfahren unserer heutigen Lebewesen entwickelten, sobald sie sich festsetzten, radiäre Körperstrukturen (erinnert sei nur an die fünfstrahlige Symmetrie der Stachelhäuter, beispielsweise der Seelilien; Abb. 1). Gingen solche seßhaften Tiere später erneut zu schwimmenden oder kriechenden Bewegungsformen über, bildete sich in Abhängigkeit von der Art und Geschwindigkeit der Fortbewegung wieder eine mehr oder weniger ausgeprägte Rechts-Links-Seitigkeit heraus (hier die Gegenüberstellung zweier Seeigelformen; Abb. 2a, 2b); Mitunter erfordert es geradezu detektivischen Spürsinn, herauszufinden, warum bewegliche Tiere ihre Radialstruktur kaum eingebüßt haben. So gleitet beispielsweise der Seestern auf hunderten winziger Füßchen über den Meeresboden dahin, der Schlangenstern zieht sich an seinen Armen vorwärts (Abb. 3), während die Hydra, ein urtümlicher Süßwasserpolyp, langsam über ihre Krone hinweg sozusagen Purzelbäume schlägt (Abb. 4).

Koloniebildende Lebewesen, wie Schwämme oder Korallenstöcke, bilden häufig wabenförmige Muster. Eben-

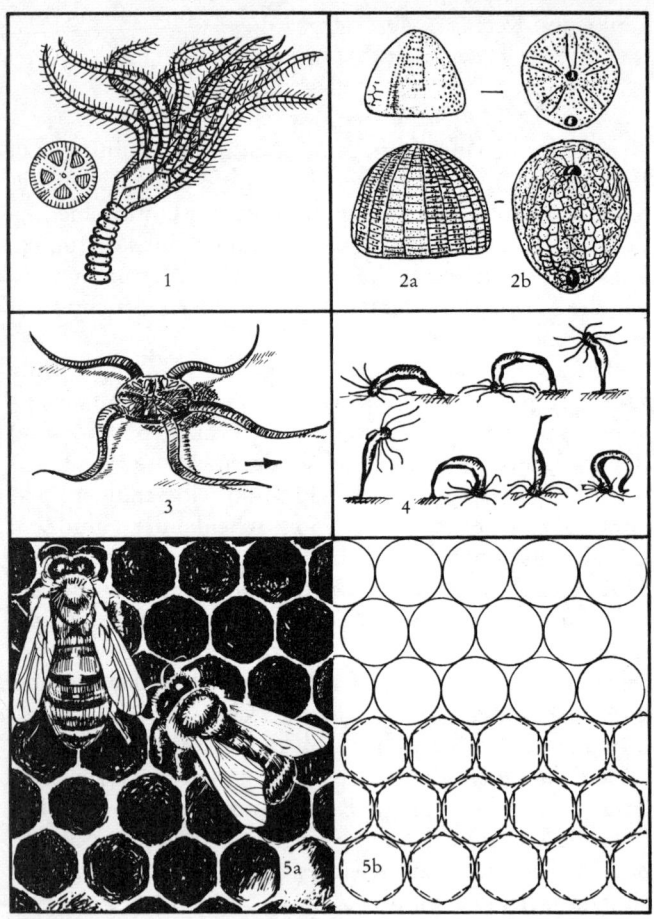

Abb. 1 Kelch einer Seelilie (Crynoide) – jeweils zwei der zehn Fangarme entspringen einer gemeinsamen Kelchplatte, daneben ein typisch geformtes Stielglied; 2 a), b) Verbreitete Seeigelformen der Kreidezeit, in der Seitenansicht und von unten; oben: Conulus, unten: Echinocorys (nach Helms); 3 Schlangenstern (Ophiura albida Forb.), auf Schlickgrund kriechend (nach Franz); 4 wandernde Hydra 1:1 (nach Tremblay); 5 a) Wabe der Honigbiene, b) Entstehung der Wabenstruktur

so wie die Honigwabe entstehen diese aus dem Erfordernis optimaler Raumausnutzung und größtmöglicher Stabilität. Bekanntlich ist die einzelne Zelle der Bienenwabe eher rund als sechseckig – die angedeuteten Kanten erhält sie erst durch die Wandverstärkung zur Nachbarzelle (Abb. 5a). Wollte man mehrere gleichgroße Kugeln einschichtig in eine angeschrägte flache Schachtel schütten, würde sich aus den übereinanderliegenden Reihen ein ganz ähnliches Bild ergeben (Abb. 5b).

Im Folgenden sei an kurzen Beispielen dargestellt, daß eine pauschalierte Überbewertung einer Körperseite oder Bewegungsrichtung eher schadet als nützt. Wenn es denn tatsächlich einen übergreifenden qualitativen Unterschied zwischen Rechts und Links im Tierreich geben sollte, und vieles, auch in W. Ludwigs Untersuchungen, spricht letztlich dafür, so wäre dieses Verhältnis für jede Gattung, ja mitunter für jede Art, in Abhängigkeit von Entwicklungsgeschichte und natürlichem Vorkommen, stets aufs Neue zu klären.

Die natürliche Schwimmbahn der frei beweglichen Rädertierchen ist eine Schraubenbewegung entgegen dem Uhrzeigersinn, also eine Bewegung entsprechend unserer linksgedrehten Normspirale – inverse Drehungen kommen nur selten vor. Infolge der Bewegungsart hat ihr Körper zuweilen die Form eines Segments dieser Schraubenlinie angenommen (Abb. 6a, 6b). Über schlagende Geißeln oder Wimpern verfügende Flagellaten, Infusorien, Spermatozoen, Mollusken und Moostierchenlarven hingegen beschreiben nach E. Wildmann bei ihrer Fortbewegung eine schraubenförmige Bahn im Uhrzeigersinn, unserer Definition nach also eine Rechtsspirale (Abb. 7a, 7b). Vermutlich liegt die Erklärung für diese widersprüchlich wirkenden Phänomene gerade in der indirekten Fortbewegung durch chirale Körperanhängsel begründet. (Bildlich gesprochen dreht sich auch der Kahn eines nur linksseitig rudernden Fischers bald nach rechts).

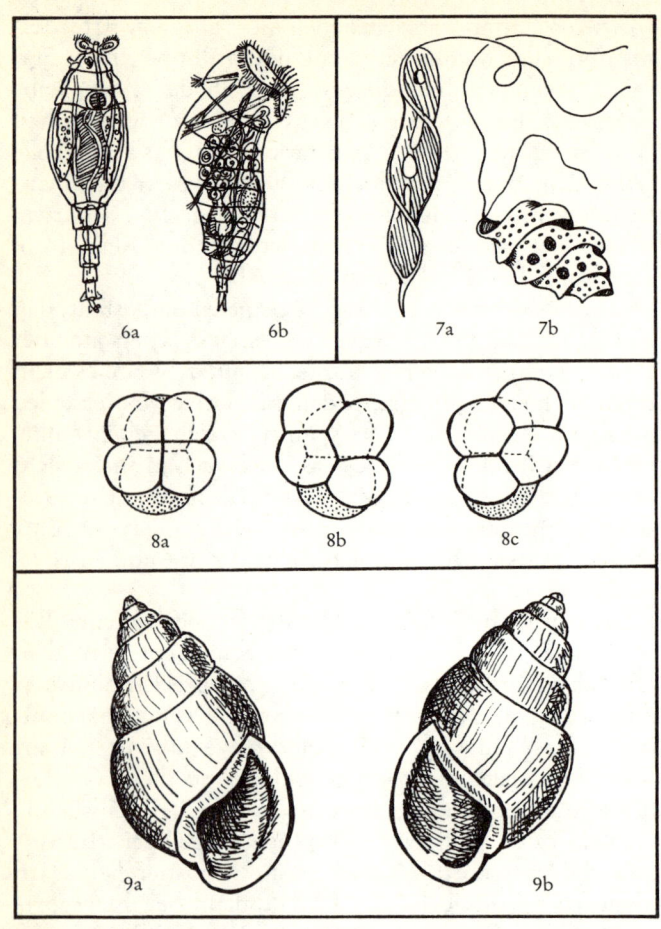

Abb. 6 Süßwasserrädertierchen, a) Calladina parasitica Gigl., b) Cyrtonia tuba Ehrbg. (nach Brauer); 7 Geißeltierchen, a) Euglenia acus Ehrbg., b) Hetemonema spirale Klebs (nach Lemmermann); 8 Wurmeier (Ascaris) im Sechs-Zellen-Stadium, a) Ausgangsform, b) reguläre, c) inverse Entwicklung (nach Dunschen); 9 tropische Landschnecke (Bulimus perversus), a) linksgewundenes, b) rechtsgewundenes Gehäuse (verändert nach Martens – Zoologen nehmen die Einteilung genau umgekehrt vor!)

Um die Bedeutung von Links und Rechts in der Zoologie verbindlich zu klären, wurden zahllose Versuche angestellt, neben denen sich Frankensteins Blasphemien wie täppische Lausbubenstreiche ausnehmen. Manche der dabei erzielten Ergebnisse verblüfften selbst die Experten.

Die Ascariden, Fadenwürmer, die schon frühzeitig wegen ihrer ausgeprägten Linksbetonung von Ausscheidungskanal und Genitalsystem untersucht wurden, weisen spiegelbildlich-rechte Inversionen im Verhältnis 40:1 auf. Durch atypische Einflüsse wie Hitze, Kälte, Sauerstoffentzug oder verstärkte UV-Strahlung gelang es T. Boveri, F. Dunschen und O. L. zur Strassen den Kern des Seitengefäßes zu verlagern und so inverse Exemplare zu erzeugen (bereits im Sechs-Zellenstadium wird hier durch rechts- oder linksseitige Furchung eine spätere Asymmetrie vorgeprägt; Abb. 8a, 8b, 8c).

H. Spemann und H. Falkenberg schnürten Wassermolchkeime zu Beginn der Gastrulation längs der Meridiane durch und erhielten so künstliche Zwillinge, die sich im allgemeinen gut unterscheiden ließen, da die Organe der Durchschnürungsseite oft geringfügig verkümmert waren. Und es zeigte sich, daß die Eingeweide der linken Zwillinge stets regulär saßen, während bei den rechten in der Hälfte der Fälle Inversion eingetreten war.

K. Pressler und R. Meyer erhielten spiegelbildliche Exemplare von Fröschen und Kröten, indem sie im Keimstadium ein viereckiges Stückchen Rückendecke (Ekto-, Mesoderm und endodermales Darmdach) ausschnitten und umgekehrt wieder einpflanzten. Damit war bewiesen, daß die Verlagerung des Herzens auf die rechte Seite sich letztlich nach der neu entstehenden Darmlage ausrichtet.

Ja selbst Hühnerembryonen wurden durch Temperaturerhöhung auf der linken Seite der Keimlinge künstlich invertiert, das heißt, es entstanden Küken, bei denen Herz, Leber und sämtliche Eingeweide seitenverkehrt im Körper lagen (Dareste, Warynski und Fol).

Die dem naturwissenschaftlichen Laien wohl vertrauteste spiralige Asymmetrie findet sich bei den links- oder rechtsgedrehten Schneckengehäusen (Abb. 9a, 9b). (Da wir uns um eine übergreifende Systematik bemühen, legen wir auch hier unsere einheitliche Arbeitsdefinition für turbospiralige Bewegungs- und Entwicklungsformen zugrunde. Aus den im Kapitel ›Was ist Links?‹ dargelegten Gründen, haben wir uns dabei für die Festlegung der Botaniker entschieden. Der Zoologe hingegen würde die abgebildeten Schneckenformen, in Analogie zu der aus ganz anderen Gründen als rechtswindig eingestuften Holzschraube, genau umgekehrt benennen.) Schnecken sind grundsätzlich asymmetrisch gebaut oder weisen zumindest Reste von Asymmetrien auf. Sie entstanden, als die schwimmende Urform zur kriechenden Bewegung überging. Der hypothetische Urmollusk wird als rechts-links-symmetrisch angenommen (Abb. 10a, 10b). Die Rückbildung der Mantelorgane sowie die Drehung und Aufwindung des Eingeweidesacks samt Schale führten schließlich zu der Schnecke wie wir sie kennen (Abb. 10c). Aus Gleichgewichtsgründen kam es später zu der typisch schiefen Traghaltung der aufwärts gewundenen Schale (Abb. 11a, 11b). Die Ursachen für die Entstehung des Drehsinns hingegen liegen noch weitgehend im Dunkeln. Bekannt ist nur, daß bei rechtsgewundenen Tieren die linke, bei linksgewundenen die rechte Leber rascher wächst und größer wird. Doch selbst wenn man hier, wie W. Ludwig, einen Kausalzusammenhang vermutet, wird die Frage nach der Herausbildung des Windungssinns nur auf die Frage nach den Ursachen der Leberasymmetrie verlagert. Bei den Gehäusen der Schnecken und der im folgenden aufgeführten zwei großen Tiergruppen handelt es sich, ebenso wie bei den Grundschrauben der Pflanzen, um logarithmische Spiralen (Abb. 12b), was seine Ursache wohl im Netzungswinkel der neu hinzutretenden schalenbildenden Kalktröpfchen hat. Der Windungssinn der Mehrheit der Schnecken entspricht dem

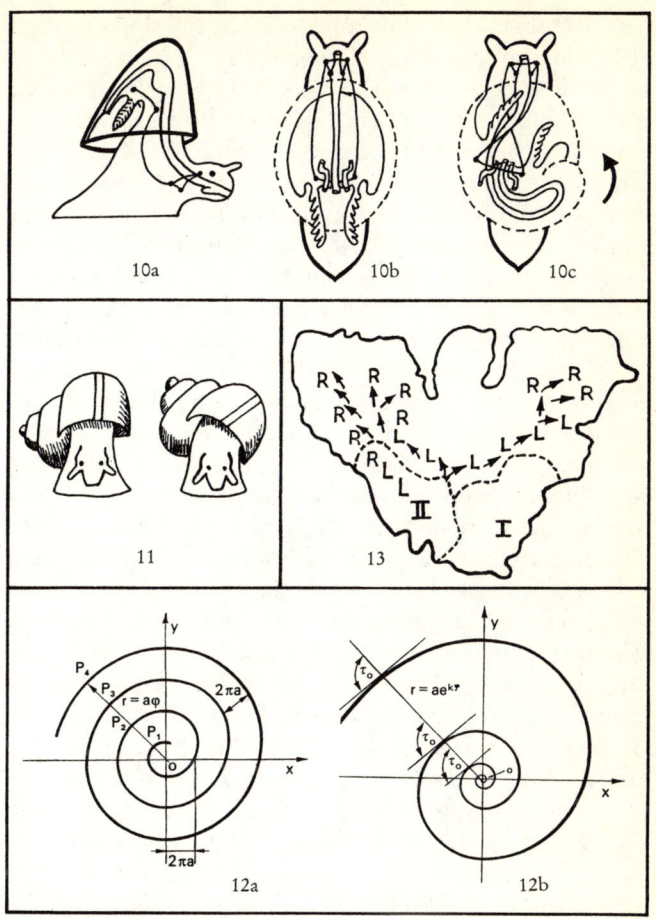

Abb. 10 a) Urmollusk – Vorläufer der Schnecken (nach Naef), b) wie a) in der Draufsicht, c) Herausbildung der Gehäusewindung (nach Ludwig); 11 Entstehung der schiefen Traghaltung des Gehäuses (nach Naef); 12 a) Bei der archimedischen Spirale bleibt der Abstand zwischen den Windungen konstant, b) Bei der logarithmischen Spirale ist der Winkel zur Achse konstant (nach Gilde); 13 Verbreitung der unterschiedlich gewundenen Landschnecken Partula s. vexillum und P.s.alternata auf Moorea (verändert nach Crampton; Ludwig – siehe Text zu Abb. 9)

29

der Mehrheit der Windepflanzen. Beide sind, unserer Arbeitsdefinition nach, linksgedreht. Entgegengesetzt gewundene Schnecken finden sich unter den insgesamt etwa 100 000 Arten nur in verschwindend geringer Anzahl, zum Beispiel Busycon contrarium. Es wäre sicher interessant, einmal der Frage nachzugehen, wann, wie und warum sich ein derart massives Ungleichgewicht zwischen Links- und Rechtstieren herausbilden konnte. Inversionen kommen bei den einzelnen Spezies unterschiedlich häufig vor, besonders oft innerhalb von Familien wie Clausiliidae, die auch mehrere inverse Arten enthalten. (Bei der Weinbergschnecke zum Beispiel sind entgegengesetzt gewundene Exemplare derart selten, daß sie im Volksmund als »Schneckenkönig« bezeichnet werden.) Die Vererbungsregeln der Schalenwindung sind überaus komplex und zum Teil recht widersprüchlich. Jedoch spricht vieles dafür, daß die künftige Windungsrichtung bereits im Ei vorgebildet ist, es also Links- und Rechtseier gibt.

Auf einen merkwürdigen Zusammenhang zwischen Windungssinn und Verbreitung machte A. Garret aufmerksam, der im Jahre 1875 auf Moorea, einer Insel in Französisch-Polynesien das Vorkommen einer Landschnecke, Partula suturalis, untersuchte. Er fand die ausschließlich linksgewundene Unterart P.s.alternata im Gebiet I und die sowohl rechts- als auch linksgewundene P.s.vexillum im Gebiet II. Als R. Crampton die Insel ein halbes Jahrhundert später bereiste, fand er das Verbreitungsgebiet von P.s.alternata nahezu unverändert, während sich P.s.vexillum inzwischen über die ganze Insel verbreitet hatte und zwar derart, daß die Rechtstiere stets den Linkstieren vorauseilten (Abb. 13). Das unterschiedliche geographische Auftreten von Rechts- und Linksformen wurde später auch an anderen Arten bestätigt. So wurden an abgelegenen Orten häufig ausschließlich inverse Formen gefunden, unter anderem eine Kolonie von über 2000 inversen Cepae nemoralis in Irland, inverse H.

Abb. 14 Foraminiferen der Gattung Peneroplis und verwandte Formen im Küstensand des Roten Meeres (nach Francé)

aspersa bei La Rochelle und an einigen anderen isolierten Stellen Europas. Flach fand an einem Bergabhang bei Luco (Abruzzen) nur rechtsgewundene, also inverse Exemplare der als sehr windungskonstant geltenden Clausilia leucostigma, während auf der anderen Seite des Berges nur normale Tiere vorhanden waren!

W. Ludwig verwies gleichfalls auf die starken Lücken, die bei der Rechts-Links-Einordnung einer anderen, noch nicht lange untersuchten schneckenförmigen Tiergruppe bestanden – den turbospiraligen Foraminiferen. (Er selbst fand in einer Tiefseeschlickprobe aus dem Südatlantik 312 Individuen einer Pulvinula-Art, von denen

305 unserer Definition nach links- und 7 rechtsgewun-
den waren.) Obwohl einzelne Proben (Abb. 14) auch
hier immer wieder ein starkes Überwiegen der Linksformen erkennen lassen, dürfte es für eine generelle
Aussage sicher noch zu früh sein.

Anders liegt die Problematik der Rechts-Links-Klas-
sifizierung bei den ausgestorbenen Kopffüßern. Ihre äl-
testen Vertreter, die Nautiliden, traten bereits im jünge-
ren Kambrium auf und erreichten im Ordovizium ihre
breiteste Vielfalt. Die auf sie zurückgehende Entwick-
lungslinie führte über die Ammoniten und Belemniten
schließlich zu unseren heutigen Tintenfischen. Im
Zwang, ein Optimum zwischen Körperbalance und rascher Fortbewegung zu erreichen, bildeten sich zahlreiche artspezifische Gehäuseformen heraus (Abb. 15).
Verwiesen sei auf die als Verringerung der Artenzahl
zu beobachtenden charakteristischen Einschnitte, zum
Beispiel zu Beginn und Ende des Trias, die von einem
grundlegenden Faunenwandel zeugen. Die Ammoniten – ihren Namen erhielten sie nach dem widderköpfi-
gen Gott Ammon – besaßen in der Regel planspiralige
Gehäuse (Abb. 16) und erloschen zusammen mit den
Sauriern am Ende der Kreidezeit. Nun lassen sich planspiralige, also zweiseitig symmetrische Formen schlecht
als rechts- oder linksgewunden klassifizieren. (Für eine
solche Zuordnung wäre eine vergleichende Untersuchung geringfügiger Symmetrieabweichungen in der
artspezifischen Lobenlinie oder bei den Kopfklappen
notwendig; Abb. 17.) Indessen traten immer wieder
auch Abweichungen vom Grundtyp auf, mehr oder
minder gestreckte Formen, die sich wenig später wieder
einrollten. Insbesondere in der Kreidezeit führte dieser
Widerstreit zwischen Symmetrie und Asymmetrie zu
mehreren Außenseiterlinien, die oftmals länger überleb-
ten als die regulären Arten (Abb. 18). In die gleiche
Zeit fällt übrigens auch das gehäufte Auftreten stark
asymmetrischer Muscheln, bei denen die linke Schale

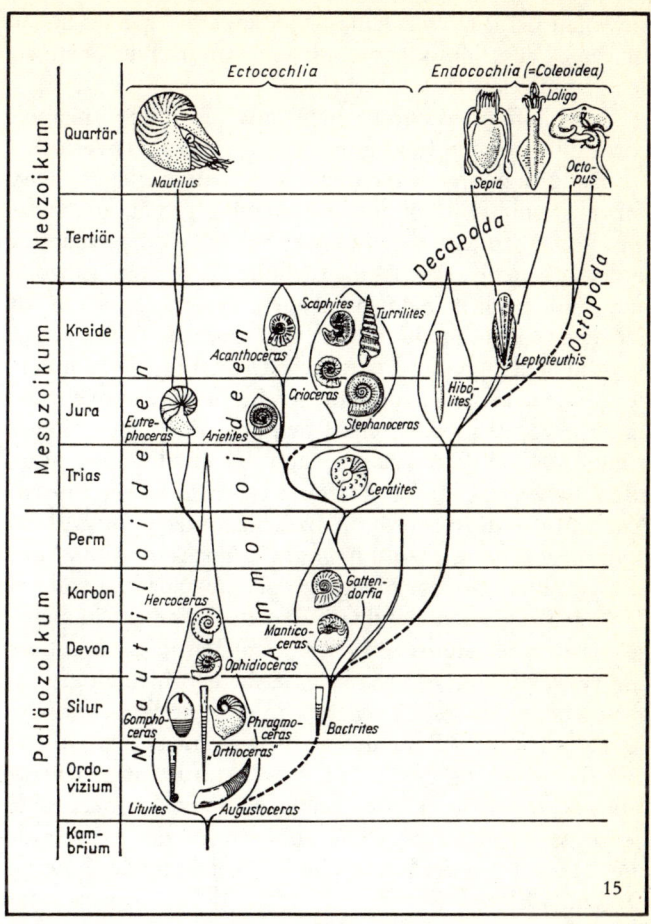

Abb. 15 Vereinfachte Darstellung der stammesgeschichtlichen Entwicklung der Kopffüßer (Cephalopoda), (nach Thenius)

zuweilen deutlich verkleinert, bei anderen Spezies sogar auf eine Verschlußklappe der rechten trichterförmigen Schale reduziert ist (Abb. 19).

Über bilaterale Asymmetrien liegen unzählige Angaben vor. Zu den reinen Bewegungsspiralen, beispielsweise der Laufrichtung von Spinnen beim Netzbau (sie legen meist zunächst eine Hilfsspirale, später eine gegenläufige Klebspirale an), finden sich indes nur rare, häufig einander widersprechende Angaben. Auch die bevorzugte Einroll- und Winderichtung der Schlangen – erinnert sei nur an den eher kulturgeschichtlich bedeutsamen Äskulapstab, den die Schlange meist entgegen dem Uhrzeiger umwindet – wurde bislang kaum untersucht. Beobachtungen von baumbewohnenden Arten in den Schlangenhäusern verschiedener Tiergärten lassen jedoch gleichfalls eine bevorzugte Bewegung im Sinne unserer Normspirale vermuten. Auch aus der Rücken- in die Bauchlage wechselnde Plattwürmer vollführen wohl häufiger Linksdrehungen (Abb. 20). Um nicht in vage Spekulationen abzugleiten, soll bei den nachfolgenden Beschreibungen auf nur einige wenige, dafür aber statistisch gesicherte Beispiele besonders eindrucksvoller asymmetrischer Lebensformen eingegangen werden. Daß sämtliche höherentwickelten Tiere Asymmetrien der Bauchhöhle aufweisen, erklärt sich aus dem entwicklungsgeschichtlichen Erfordernis einer rascher als der Körper wachsenden Verdauungsoberfläche. Folge ist die Herausbildung von Darmwindungen, welche ihrerseits zu der bekannten Verschiebung der inneren Organe führen. Warum das Herz dabei ausgerechnet links und die Leber rechts zu liegen kam, konnte bislang nicht geklärt werden. Freilich sind Tiere mit linksliegendem Herzen und linksbetonten Bewegungen überlebensfähiger, da sie das empfindliche Organ bei Kämpfen, Fluchtreflex et cetera auf der dem Gegner abgewandten Innenseite tragen.

Die auffällig geformten Scheren der Winkerkrabbe werden in die kräftige Kampf- oder Knackschere (K-

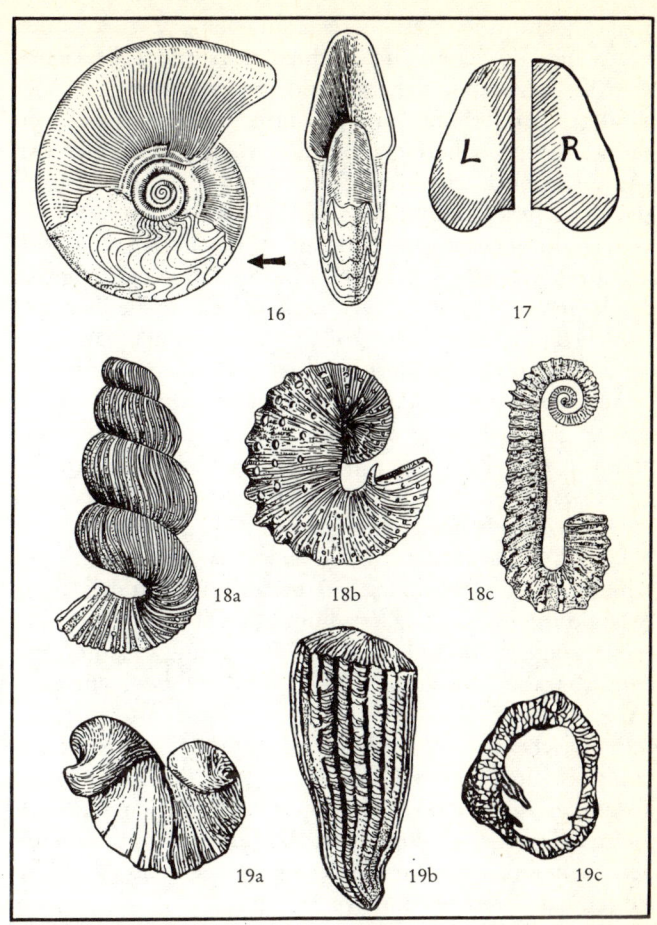

Abb. 16 Seiten- und Vorderansicht eines Ammonitengehäuses (nach Moore), der Pfeil weist auf die artspezifischen Lobenlinien; 17 Mündungsdeckel der Nautiliden (schematisiert, s. a. Abb. 15 links oben); 18 Ammonitenformen der Kreidezeit, a) Cirroceras, b) Scaphites, c) Ancyloceras (nach Helms); 19 Asymmetrische Muschelschalen der oberen Jura, a) Diceras, b) Hippurites – (rechte) Unterklappe mit Längsfurchen und (linker) Deckelklappe, c) wie b) Querschnitt durch eine rechte Klappe (nach Krumbiegel)

Schere) und die zierlichere Zähnchen-, Zwick- oder Freßschere (Z-Schere) unterschieden. Ist die rechte Schere größer als eine K-Schere, handelt es sich um ein rechtshändiges, andernfalls um ein linkshändiges Tier. Wie beim Menschen herrscht bei der Mehrzahl der Krebse und Krabben Rechtshändigkeit vor. Des weiteren verfügen viele dieser urtümlichen Wirbellosen über die Fähigkeit, verlorengegangene Scheren zu regenerieren. Büßen sie durch Kampf oder Unfall ihre K-Schere ein, beginnt die kleinere Schere zu wachsen, bis sie schließlich die Funktion der verlorenen größeren übernehmen kann. An deren Reststumpf wiederum bildet sich eine neue Z-Schere aus. So verwandelt sich die Krabbe allmählich in ihr eigenes Spiegelbild. In der Regel erfolgt eine solche kompensatorische Regeneration jedoch nur bis zu einem gewissen Alter. Tiere mit zwei kleinen Scheren findet man selten, noch seltener Exemplare mit zwei großen Scheren. Nach H. Przibram ist die K-Schere als entwicklungsgeschichtlich jünger anzusehen und durchläuft bei ihrer Ausbildung stets ein Z-Stadium, so daß sie vermutlich erst infolge stark linksbetonter Bewegungsabläufe, wie dem charakteristischen Winken der Krabben, entstand (Abb. 21).

Plattfische machen nach dem Schlüpfen zunächst ein völlig symmetrisches Jugendstadium durch. Erst später kommt es, aufgrund anatomischer Besonderheiten (durch die stets linksgerichteten Darmwindungen kippt der Körper nach links, bei Vorhandensein einer Schwimmblase jedoch nach rechts), zur Verschiebung eines Auges auf die gegenüberliegende Seite. Je nachdem welche Hälfte solcherart zur Oberseite wird, spricht man von Rechts- bzw. Linksseitern. Insgesamt läßt sich ein deutliches Überwiegen rechtsäugiger Arten ausmachen. Butte sind Linksseiter, die Schollen und Zungen vorwiegend Rechtsseiter, Inversionen kommen ausgesprochen selten vor (Goldbutt 0,01%, Seezunge 0,03%). Ausgerechnet unsere bieder aussehende Flunder bildet hier eine Aus-

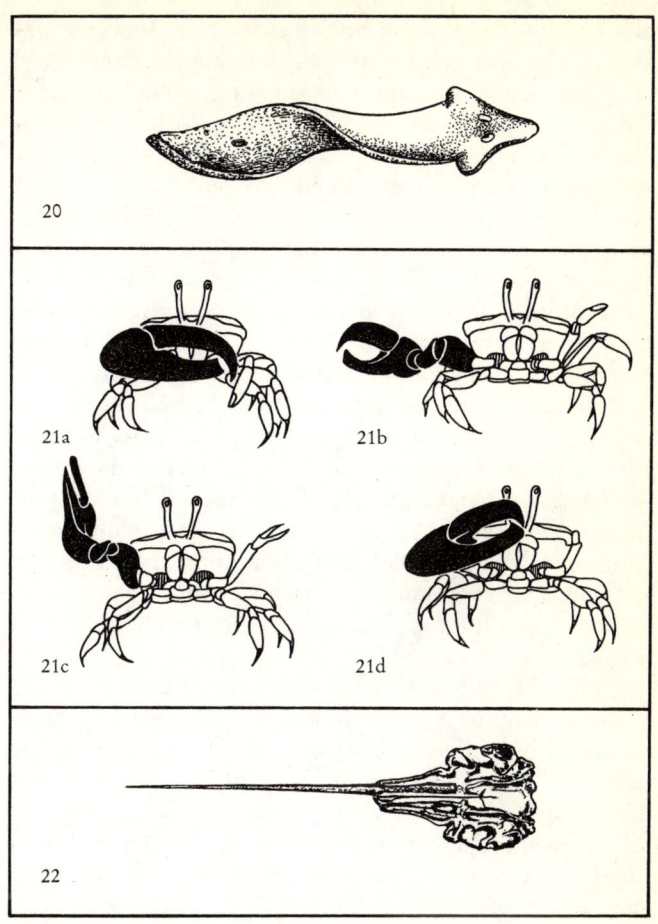

Abb. 20 Plattwurm (Planaria gonocephala), beim Wenden aus der Rük-
kenlage (nach Franz); 21 a)–d) Ritualisierte Winkbewegung der Krabbe
Uca lactea (nach Crane); 22 Narwalschädel von unten gesehen

nahme: innerhalb dieser vorwiegend rechtsäugigen Spezies treffen wir auf 25 bis 30% linksäugige Exemplare! Ichthyologen vermuten, daß die ungewöhnlich starke Variabilität mit dem geographischen Vorkommen des Fisches zusammenhängt. Als Beleg wird meist die eng verwandte Sternflunder angeführt. Jene lebt auch im nördlichen Pazifik, wo sie eine weit größere Zahl inverser Exemplare aufweist als im Süden und zwar bis 75% »Linksflundern«!

Bei Vögeln fällt eine deutliche Linksasymmetrie der Geschlechtsorgane auf. Die Anlage der Hoden ist zunächst meist rechtsbetont. Mit zunehmendem Alter kehrt sich diese Asymmetrie um, so daß der linke Hoden des erwachsenen Männchens den rechten an Größe übertrifft. Nur bei wenigen Arten, beispielsweise den Tauben, ist das Entgegengesetzte der Fall. Auch Eierstock und Eileiter der Weibchen bleiben rechtsseitig rudimentär, häufig ist allein der linke Eileiter funktionstüchtig. Diese seltsame Linksbetonung läßt sich, bis auf wenige Ausnahmen (zum Beispiel Sporenkuckuck), durchgängig verfolgen.

Anders verhält es sich bei den Flugspiralen. Segelnde Vögel ziehen ihre Kreise, ähnlich Segelfliegern, innerhalb von Aufwindsäulen. Die Alpendohle läßt sich von solch einer wärmeren Luftströmung wie von einem Lift in Höhen von 3000 bis 4000 Metern tragen, um dann, mit geschlossenen Flügeln pfeilschnell ins Tal hinabzuschießen. Einer der bewundernswürdigsten Meister in der Kunst des dynamischen Segelflugs ist zweifellos der Albatroß, der stundenlang, ohne einen einzigen Flügelschlag in jede beliebige Richtung, auch gegen den Wind, voranzukommen vermag. Diese Beispiele verdeutlichen, daß die Flugbahn eines scheinbar reglos kreisenden Vogels weniger von innerer Prägung als von meteorologischen Faktoren bestimmt wird.

Bei den wasserlebenden Säugern stoßen wir auf die wohl auffälligste Linksasymmetrie aller Wirbeltiere – den verlängerten linken Zahn des männlichen Narwals, einen gigantischen Elfenbeinspieß, der mühelos mehr als die halbe Körperlänge des erwachsenen Tieres erreichen kann. Dieser Stoßzahn entpuppt sich als eine von Wülsten umgebene linksgewundene Spirale (Abb. 22). Um seinetwillen wurde das Tier schon frühzeitig erbarmungslos gejagt, da aufgeklärte europäische Snobs in dem Auswuchs die Stirnwehr des mystischen Einhorns erblickten und das geriebene Elfenbeinpulver bis ins 20. Jahrhundert hinein als potenzsteigerndes Mittel mit Gold aufwogen! Das eigentlich Bemerkenswerte daran ist, daß bei den überaus seltenen Walexemplaren, die zwei solcher verlängerten Zähne besitzen (wobei der rechte stets kürzer ist), sich diese nicht etwa wie beim Antilopengehörn gegenläufig, sondern gleichermaßen linksspiralig schrauben! An Erklärungsversuchen für dieses Mysterium hat es nicht gefehlt. So vermutet D'Arcy Thompson eine Verdrillung des Elfenbeins durch die Körperbewegung des Wals. Andere Wissenschaftler gehen von den Erfordernissen einer optimalen Statik bei linksgeführten Paarungskämpfen aus.

Auch Hirschgeweihe weisen in der Regel eine geringfügige Asymmetrie in Größe und Gestalt auf. Die linke Geweihhälfte der einheimischen Tiere ist im allgemeinen stärker ausgeprägt und besitzt mitunter eine zusätzliche Zacke. Auch der linke Augensproß des Rentiergeweihs ist oft schaufelartig verbreitert, wesentlich größer als der rechte, und steht im Gegensatz zu jenem eher vertikal. Diese Besonderheiten werden von der Gewohnheit der Männchen abgeleitet, ihre Paarungskämpfe vor allem mit der linken Geweihhälfte zu bestreiten. Demzufolge treten linksseitige Geweihbrüche und entsprechende Verletzungen auch sehr viel häufiger auf. Eine Beobachtung, die sich auch an Wildochsen bestätigt fand.

Stehende Pferde sind nach B. Grzimeks Angaben zu etwa drei Vierteln »händig«, die meisten von ihnen scharren mit dem rechten Vorderhuf. Vier Fünftel der von ihm untersuchten Rösser kauten auch rechts und wenn sie aus dem Stand heraus antreten, benutzen sie in der Regel das rechte vordere Bein (da sie diagonal treten, entspricht das dem menschlichen linken). Unzugerittene Pferde und Wildpferde bevorzugen den Linksgalopp, während zugerittene Pferde in der Mehrzahl lieber rechts galoppieren. Ähnliches gilt für die Bevorzugung der Links- bzw. Rechtskurven. Der Zusammenhang ist wohl, daß Rechtskurven im Rechtsgalopp leicht, im Linksgalopp hingegen nur sehr schwer zu nehmen sind. Beim Voltigieren hingegen wird das Pferd linksherum geführt, ebenso beim Traben. Ursache für diesen permanenten Widerspruch zwischen wilden oder frei laufenden und gerittenen Pferden dürfte der zumeist rechtshändige bzw. rechtsbeinige Reiter sein, der das Tier in der ihm, also dem Menschen, genehmen Weise dressiert, und auch die Gesetze der rechtsläufigen (!) Rennbahn wurden ja letztlich von Menschen festgelegt und nicht von Pferden.

Gerade das letzte Beispiel läßt die Komplexität des Rechts-Links-Problems im Tierreich sinnfällig werden. So ist es ein Irrtum anzunehmen, daß Rechtsasymmetrien Linksasymmetrien widerlegen. Oftmals handelt es sich dabei um zwei Seiten ein und derselben Medaille, wie Rechtshändigkeit und stärker entwickelte linke Hirnhälfte des Menschen. Aber selbst wenn vergleichbare gegensätzliche Phänomene auftreten – so wurde im Versuch festgestellt, daß von einigen Hundert Mäusen in geschlossenen Tanks etwa die Hälfte links- und die andere Hälfte rechtsherum schwimmt, und dieses unterschiedliche Verhalten bei den jeweiligen Tieren relativ konstant bleibt –, stellt sich die Frage nach den Gründen für einen derart markanten Unterschied innerhalb einer Spezies! Gerade solche doppelten Asymmetrien bei Eigenbewegungen werden durch allzu rasche Verallgemeinerung leicht wieder überdeckt.

Wieder waren mehrere Jahre ins Land gegangen. Das Staatsexamen, meine Approbation als Arzt und die Promotionsarbeit lagen bereits hinter mir. Ich war im Institut für Infektions- und Tropenkrankheiten des Klinikums Berlin Buch angestellt und hatte dort ein diagnostisches Labor aufgebaut, in dem sich mein kleines Team zusätzlich mit unaufwendigen Forschungsprojekten beschäftigte. Zu jener Zeit untersuchten wir gerade die Übertragung bestimmter Infektionskrankheiten durch Stechmücken. Wir hatten dazu mannshohe Freilandkäfige mit dichten Gaze-Netzen bespannt und sie am nahen Waldrand aufgestellt, um den darin befindlichen Mücken ein relativ natürliches Leben und Überleben zu ermöglichen. Nur mit Grausen denke ich an die allmorgendliche Suche nach unseren Versuchsobjekten zurück, die ja nicht nur mühsam erspäht, sondern auch noch überaus vorsichtig wieder eingefangen werden mußten, damit sie später unbeschadet auf unsere Ratten und Meerschweinchen angesetzt werden konnten. Die Vorüberkommenden warfen uns zwar zuweilen vielsagende Blicke zu, wenn wir durch eine enge Schleuse die Käfige betraten, die eher für die Haltung von Tigern als von Insekten gemacht schienen und darinnen – die Mücken waren ja von außen nicht zu sehen – merkwürdige Verrenkungen vollführten; diese Form der Mückenhaltung hatte sich indes als die einzig praktikable erwiesen. Nach unseren Experimenten fertigten wir mit Hilfe von Feinschneidegeräten Dünnschnitte aus dem Magen-Darm-Trakt der Mücken an und kamen zu einer Reihe aussagekräftiger Ergebnisse, für die sich auch die Wissenschaftsredaktion des DDR-Fernsehens interessierte. Herr Heimlich, ein Journalist, der die Sendung zu diesem Thema betreute, kam bei uns vorbei und teilte uns mit, daß der Dokumentarbericht zur Malariaübertragung gut angekommen sei und fragte, ob wir nicht noch etwas anderes wüßten, was als Stoff für einen Wissenschaftsfilm geeignet wäre. Wir antworteten ihm damals, daß sich unsere Arbeit kaum von der ähnlich gearteter Labore unterschiede. Unsere täglichen Aufgaben bestanden im Nachweis verschiedener Infektionskrankheiten aus dem Untersuchungsmaterial der Klinikpatienten. Die Methodik, die wir dazu benutzten, entsprach der an vergleichbaren Einrichtungen. Da fiel mir plötzlich wieder das Linksphänomen ein, und ich berichtete in Kurzfassung über die Linkskurven der skifahrenden Knaben, die Flugspiralen der Bienen und andere linksbetonte Bewegungsabläufe bei Mensch und Tier. Herr Heimlich hörte interessiert zu und entschied kurzerhand: Das wird gemacht! Wir tauschten unsere Telephonnummern aus und kurz darauf war er verschwunden. Wenige Tage später erschien er erneut im Labor und erzählte, was beim Fernsehfunk in Adlershof vorgefallen war. Gleich in der nächsten Redaktionssitzung hatte er das Anliegen zur Sprache gebracht und einen Antrag auf Verfilmung gestellt. Daraufhin habe sich das Kollegium in zwei Fraktionen gespalten. Die einen riefen, das sei Parapsychologie, der gleiche pseudowissenschaftliche Unsinn wie Psi-Kräfte und Erdstrahlen, und überhaupt, wo bliebe da die materialistische Weltsicht! Die anderen widersprachen heftig, verwiesen darauf, daß sie das Phänomen gleichfalls erlebt hätten und stimmten dafür, die Angelegenheit sachlich zu überprüfen. Offenbar setzte sich der gemäßigtere Flügel durch, denn Herr Heimlich wurde beauftragt, eine Reihe bekannter Wissenschaftler aufzusuchen, um ihnen das Problem vorzutragen und ihre Reaktionen und Aussagen in Bild und Ton festzuhalten. Ich sollte ihm dabei behilflich sein. Herr Heimlich erarbeitete eine Liste mit den Namen der Professoren und ihrer Institutionen, und die Recherchen konnten beginnen. Ich hatte bei meinem damaligen Institutsdirektor, Herrn Obermedizinalrat Dr. Kurt Henne, der auch die späteren Laborexperimente großzügig tolerierte, die nötigen Freistellungen für diese Arbeit erwirkt und überließ die Reihenfolge der Interviews dem Kollegen vom Fernsehen. Herr Heimlich listete die von mir zusammengetragenen Beispiele sorgfältig auf, faßte sie nach Sachgruppen zusammen und plante danach die Gespräche.

Zuallererst besuchte er Professor Hörz vom Philosophischen Institut der Akademie der Wissenschaften. Dieser hatte nach dem ihm erstatteten Bericht über den Gegenstand unseres Interesses nur eine einzige Frage: »Wie ist der Mann bloß auf diese Idee gekommen?« Die Stellungnahme, die er als Philosoph dazu im einzelnen abgab, lautet wie folgt:

»Betrachtet man das tatsächlich vorhandene Linksphänomen als Existenz einer ausgezeichneten Bewegungsrichtung, dann handelt es sich vom physikalischen Standpunkt her um eine Asymmetrie. Asymmetrien sind auch in der Physik vorhanden und lassen sich erklären. Viele unserer Annahmen über die gleichmäßige Verteilung materieller Objekte, darüber, daß keine Bewegungsrichtung ausgezeichnet sei, sind Idealisierungen, mit denen recht gut gearbeitet werden kann. Wird eine der angenommenen Symmetrien durchbrochen, sucht man nach einem umfassenderen System, in dem sich die Symmetrie erneut herstellt. Für den Philosophen ist es wichtig, daß wirkliche Phänomene auf Asymmetrien verweisen. Meines Erachtens sind diese Unregelmäßigkeiten selbst gesetzmäßig. Die Dialektik von Symmetrie und Asymmetrie bedarf genauerer Erforschung. Überhaupt sollte man sich mit dem Linksphänomen bewußt auseinandersetzen, weil die Lösung damit verbundener Probleme praktische Bedeutung für die Konstruktion technischer Systeme, für die Steuerung des Verhaltens und so weiter hat. Selbstverständlich können bekannte Phänomene, auch bei noch ungeklärter Entstehungsursache, praktisch genutzt werden. So war die Orientierung nach den Sternen möglich, lange bevor Kopernikus das heliozentrische Weltbild begründete und die theoretische Begründung von Newton existierte. Deshalb sollte man das Linksphänomen in der Praxis berücksichtigen und es theoretisch erforschen.«

Diese Aussage ging als Gespräch mit Professor Hörz in

den späteren Film ein. Da Herr Heimlich und ich vereinbart hatten, das Szenarium gemeinsam zu erarbeiten, erhielt ich stets einen Durchschlag von den beglaubigten Abschriften der Interviews.

Durch einen Besuch bei Professor Tembrock, an den ich mich ja vor mehreren Jahren schon einmal gewandt hatte, erfuhren wir, daß das Linksphänomen wie wir es sahen, bislang noch nicht untersucht worden sei. Professor Tembrock erläuterte, in welcher Weise soziale und andere Umgebungsfaktoren das Verhalten von Tieren beeinflußten. In einer später gegebenen Auskunft verwies er darauf, daß ranghöhere Füchse einer Sippe sich vor dem Schlafenlegen nach links drehen, rangniedrigere nach rechts. Bekanntlich kreisen selbst Haushunde, bevor sie sich niederlegen, mehrmals um sich selbst. Diese Eigenart wird damit erklärt, daß deren Vorfahren, wildlebende Steppenhunde, durch die Drehung scharfkantiges Gras niederwalzten, um sich ein Lager zu bereiten. Unser Problem hielt Professor Tembrock zum Beispiel bei der Baugestaltung von Ställen für wichtig und meinte, daß hier noch ein weites Forschungsfeld für sein Institut läge.

Es lag nahe, sich mit der Frage nach bevorzugten Bewegungsabläufen auch an die Deutsche Hochschule für Körperkultur (DHfK) in Leipzig zu wenden. Der dort lehrende Professor Tittel berichtete folgendes:

»International existiert keinerlei festes Regelwerk, das eine Linksbewegung im Sport vorschreiben würde. Wir wissen jedoch, daß es starke körperbauliche Abweichungen von der so oft angenommenen, in Wirklichkeit aber nicht vorhandenen Symmetrie der Körperhälften gibt. Das heißt, wir bedienen uns bevorzugt einer Körperhälfte, die infolgedessen auch kräftiger entwickelt ist. Dies ist in der Regel die rechte Seite. Die Dominanz der rechten Seite können wir exakt nachweisen, zum Beispiel durch Längen- oder Muskelkraftmessungen. Die stetige Bevorzugung der rechten Körperhälfte bedingt, daß wir uns im Sport in der Regel linksherum drehen.«

Ich hatte Mühe, dieser Ansicht zu folgen, denn wie schon erwähnt, läßt sich das Phänomen auch bei Säugetieren, Vögeln und Insekten beobachten. Daraus müßte man die Schlußfolgerung ziehen, daß der Linksdrall viel wahrscheinlicher die Ursache für die stärkere Entwicklung und Ausprägung der rechten Körperseite darstellte, als deren Wirkung. Wir beschlossen deshalb, noch einen anderen Experten, Professor Dathe, den Leiter des Ostberliner Tierparks, zu Rate zu ziehen. Von diesem Gespräch brachte Herr Heimlich die Information mit, daß Wirbeltiere häufig gleichfalls eine stärker ausgebildete rechte Körperhälfte hätten, was uns in unserer Meinung über die Ursache-Wirkung-Beziehungen bestärkte. Zur Vervollständigung dieses Themenkomplexes fuhren wir noch nach Dresden zur Technischen Universität. Am Institut für Arbeitsphysiologie wandten wir uns an Herrn Professor Hacker. Er erklärte uns, daß die Rechts-Links-Problematik bei Arbeitsaufträgen keine Rolle spielte, wohl weil die technisch-organisatorischen Festlegungen nur sehr wenige Freiheitsgrade ließen. Andererseits sei ihm auch kein statistisch gesicherter Nachweis für eine Bewegungsbevorzugung bei Arbeitsprozessen bekannt. Sollte es so etwas tatsächlich geben, sähe auch er den Grund in der besonderen Ausbildung der rechten Körperhälfte. Dabei räumte er ein, daß das Phänomen bei der Suche nach neuen arbeitsgestalterischen Lösungen durchaus relevant werden könnte. Alle konsultierten Wissenschaftler (wir suchten noch zahlreiche weitere Dozenten für Physiotherapie und Botanik, Zoologie und Sport auf) hatten die Existenz des Phänomens akzeptiert, das Rätsel an sich blieb jedoch nach wie vor ungelöst. Wir entschieden uns, einen Vorstoß in den Bereich der unbelebten Materie zu unternehmen. Als erstes bekam ich Gelegenheit, mit Herrn Professor Bernhard vom Lehrstuhl für angewandte Atomphysik der Humboldt-Universität zu sprechen. Nach der üblichen kurzgefaßten Darlegung des Problems, verwies Professor Bernhard auf die Corioliskraft der Erdrotation. Ich kann mich erinnern, daß wir lange an einer Wandtafel zeichneten und diskutierten, die Debatte aber letztlich ergebnislos abbrachen, da auch die Corioliskraft auf so grundlegende Fragen, wie die der Allgegenwart rechtshändiger Kulturen und Völkerschaften zwischen beiden Polen, denen nicht eine einzige klar linkshändige Gesellschaft gegenübersteht, keine Antwort zu geben vermochte.

Während wir mit den Recherchen zum Film beschäftigt waren, herrschte in unseren Köpfen ein ziemliches Durcheinander. Vor allem plagten uns ständige Zweifel an der Objektivität der eigenen Beobachtungen: Wie leicht neigt man dazu, nur jene Beispiele auszuwählen, die einer Theorie entsprechen und gegensätzliche auszuklammern. So zeigten die ersten Kameraeinstellungen eine linksdrehende Pyramide und ein linksdrehendes Karussell. Die Pyramide dreht sich aber in Abhängigkeit von der Stellung ihrer Rotorblätter, diese wiederum richtet sich nach der Aufstellung der Figuren, ist also zumeist willkürlich gewählt. Beim Karussell liegen die Dinge ähnlich, je nach Anschluß des Motors und Montage der Reittiere oder Fahrzeuge, treffen wir sowohl auf rechts- als auch linksdrehende Plattformen. (Die entscheidende Frage wäre hier also nicht die nach der jeweiligen Bewegungsrichtung, sondern die, ob sich Kinder auf einem rechtsdrehenden Karussell eventuell anders fühlen als auf einem linksdrehenden, und welcher Typ von ihnen bei gleichberechtigter Ausgangslage bevorzugt wird.)

Auch bei anderer Gelegenheit packten mich Zweifel. Eines Tages saß ich mit einigen Kollegen in der Kantine der Berliner Staatsoper. An unserem Tisch hatte ein Kammersänger Platz genommen und gab ein paar Anekdoten aus dem Bühnenleben zum Besten. Mir fiel ein, daß auch beim Ballett Kreisfiguren getanzt werden und ich erkundigte mich, ob dabei eine Bewegungsrichtung vorherrschen würde. Unser Gegenüber stutzte leicht, rief dann hinüber zu einem Nachbartisch, an dem mehrere Ballettdamen in schwarzen Trikots saßen und bat eine junge Tänzerin, vor unserem Tisch eine Pirouette zu drehen. Das Mädchen kam der Aufforderung ohne das geringste Erstaunen nach und drehte sich graziös im Kreise. Und zwar rechtsherum! Auf meine Frage erfuhr ich, daß die Pirouette von Beginn der Ausbildung an so gelehrt werde. Ich bedankte mich und schwieg verwirrt, denn ich hatte bei ähnlicher Gelegenheit genau das Entgegengesetzte erfahren. Die Eiskunstlauftrainerin Frau Steiner-Walther hatte mir in einem kurzen Gespräch mitgeteilt, daß der Trainer die Neuankömmlinge lediglich auffordert, eine Pirouette zu drehen. Da die überwiegende Mehrzahl der Nachwuchsläuferinnen Linkspirouetten zeigten, würden sie im weiteren Verlauf auch so einstudiert. Wo lag nun die Lösung des Widerspruchs? Eiskunstläuferinnen gleiten in der Regel in einer Linksbahn durch das Stadion. Aus dieser Bahn heraus springen sie ihre Figuren. Die Anlaufbewegung prägt als linksgerichteter Bahnimpuls die Drehung vor, und es dürfte schwerfallen, plötzlich in eine rechte Pirouette überzugehen. Die Tänzerin hingegen vollführt die Drehung um die eigene Achse aus dem Stand, sie wird also das gewöhnlich kräftigere rechte Bein als Standbein nutzen und das linke, um Schwung zu holen. Der scheinbare Gegensatz zwischen beiden Pirouetten liegt also im unterschiedlichen Körpereinsatz begründet.

An dieser Stelle bietet sich auch noch ein anderes physisches Beispiel zu bevorzugten Bewegungsformen an. Ein etwa 40jähriger Mann, der infolge eines Unfalls seinen rechten Arm verloren hatte, wurde von mir nach der Funktionsfähigkeit der linksseitigen Muskulatur befragt. Die Amputation lag bereits Jahre zurück, und die Verrichtung von Aufgaben, die einer Hand obliegen, wie Essen, Schreiben, Zähne putzen etc. gelang ihm mit der Linken relativ schnell und ohne besondere Schwierigkeiten. Eines war ihm als Sportler jedoch aufgefallen: Die Leistung des linken Armes beim Ballweitwurf lag deutlich unter der des ehemaligen rechten. Er ärgerte sich sehr darüber und wollte den Unterschied durch intensives Training ausgleichen. Doch obwohl er mit den sportlichen Kniffen der Wurftechnik durchaus vertraut war, gelang es ihm nicht, sein Ergebnis nennenswert zu verbessern.

Kurze Zeit darauf suchte ich mit Herrn Heimlich Professor Treder in Potsdam auf. Der namhafte Wissenschaftler belegte als Direktor des Instituts für Astrophysik jene Planstelle, die einst für Albert Einstein geschaffen worden war. Mitten in einem ausgedehnten Park stand eine ältere, architektonisch sehr reizvolle Villa. Die Sekretärin empfing uns und führte uns in ein Zimmer, wo wir von dem hochgewachsenen Direktor und dessen Stellvertreter begrüßt wurden. Nachdem wir Platz genommen hatten, erzählte ich von meinen Beobachtungen und suchte sie in ein vages Schema zu bringen. Unser Gespräch ging zunächst von der Bewegungsproblematik aus, nahm aber bald eine Wendung hin zu asymmetrischen Entwicklungs- und Wachstumsstrukturen. Wir sprachen über den Aufbau von Schneckenhäusern, die Bildung organischer Molekülketten und vieles andere mehr. Eine mögliche Bewegungsbevorzugung vermochte Professor Treder damals auch nicht zu begründen. Er bat uns jedoch, physikalische Erklärungsversuche möglichst aus dem Spiel zu lassen und uns bei unserer Analyse auf eine reine Phänomenologie zu beschränken. Beim Abschied empfahl er uns ein Buch des englischen Wissenschaftsjournalisten Martin Gardner. Dieser habe unter dem Titel ›Das gespiegelte Universum. Links, rechts – und der Sturz der Parität‹ ausführlich und kenntnisreich zur Problematik der Asymmetrie geschrieben.

Wieder in Berlin angekommen, lieh ich mir das angegebene Werk aus und stieß, neben zahlreichen Betrachtungen zu spiegelbildlichen Strukturen und physikalischen Asymmetrien, auf folgende kurze Passage:

»Ein bemerkenswertes Beispiel für das Fliegen in Spiralen liefern die Hunderttausende mexikanischer Fledermäuse, die in den Kalksteinhöhlen von Carlsbad in New Mexico schlafen. In seinem Buch ›The Desert Year‹ (Sloan 1952) gibt Joseph Wood Krutch eine lebendige Schilderung, wie die Fledermäuse, wenn sie aus der Höhle ausschwärmen, stets eine linksläufige Spirale beschreiben. Krutch wunderte sich, wie die Fledermäuse es geschafft haben, sich über den Typ der Spirale zu einigen. Er schreibt: ›Ihre Übereinkunft ist sicher sozial von Vorteil. Gäbe es sie nicht, so wäre das Verlassen der Höhle für eine Fledermaus fast ebenso gefährlich wie die Fahrt im Auto zur Arbeit.‹ Haben Corioliskräfte möglicherweise etwas damit zu tun? Schwärmen Fledermäuse auf der südlichen Erdhälfte in Rechtsspiralen aus, wenn die nördlichen es in Linksspiralen tun? Krutch prüfte diese Frage mit einer Anzahl von Autoritäten für Fledermäuse nach, er konnte aber nicht zu einer klaren Auskunft darüber gelangen. Corioliseinfluß ist unwahrscheinlich. Dennoch bleibt der Drehsinn der Flugbahnen, in denen Fledermäuse spiralig ausschwärmen, ein interessantes und von den Naturforschern noch nicht erforschtes Thema. Krutch sagt: ›Vielleicht wird einmal jemand einen ausgedienten Windkanal senkrecht aufstellen und ein paar hundert Fledermäuse unten hineintun...‹«

Hier kam das Bewegungsphänomen, das uns so beschäftigte, erneut zur Sprache. Doch offenbar gab es tatsächlich niemanden, der sich damit intensiver auseinandergesetzt, geschweige denn es systematisch untersucht hatte. Waren wir auf etwas völlig Neues gestoßen? Unsere Neugier steigerte sich zunehmend. Herr Heimlich fuhr zum Fernsehfunk nach Adlershof, um seine Vorgesetzten über den Fortgang der Arbeit und die erhaltenen Auskünfte zu unterrichten. Schießlich rief er an und teilte erfreut mit, daß die Entscheidung gefallen sei. Der Film werde produziert. Für eine detaillierte Produktionsberatung wollte er zu mir nach Buch kommen.

Linksbetonte Bewegungsabläufe beim Menschen

Die Symmetrie des menschlichen Körpers ist bekanntermaßen nur eine scheinbare. Die Asymmetrie der Eingeweide hat sich – wie schon im Kapitel zur Zoologie ausgeführt – durch die für höhere Lebewesen typische Darmfaltung entwickelt. Warum dabei die Leber ausgerechnet rechts und das Herz links zu liegen kam, ist ungeklärt. Sichtbare Asymmetrien sind der in der Regel schwerere und tiefer hängende linke Hoden des Mannes und die häufig leicht vergrößerte linke Brust der Frau, die noch zu besprechende leichte Asymmetrie der Gesichtshälften und, last but not least, der oft geringfügig längere, vom Umfang her größere und kräftiger entwickelte rechte Arm. Dabei gilt für Linkshänder zwar tendenziell das Umgekehrte, allerdings tritt selbst bei ihnen eine deutliche Verschiebung zugunsten des rechten Armes auf. Sie widerspiegelt sich in der folgenden, mit gewissen Schwankungen behafteten Gegenüberstellung (nach E. Stier):

	gleichseitiger Arm größer	beide Arme gleich groß	ungleichseitiger Arm größer
Rechtshänder	75–80%	10%	10–15%
Linkshänder	50–60%	10%	30–40%

Diese kleine Tabelle läßt bereits erahnen, welche Schwierigkeiten es bereiten kann, einen Menschen als Linkshänder einzustufen. Gilt als Maßstab, wie er die Hände verschränkt oder welche Hand er zum Schreiben verwendet? Viele Linkshänder haben aber bereits mit der rechten Hand schreiben gelernt und zeichnen nur noch mit links. Andere wiederum waren seit frühester Jugend gezwungen, ihr Musikinstrument, ob nun Geige, Klavier oder Saxophon, wie ein Rechtshänder zu betätigen und erwerben darin verblüffende Fertigkeiten. Moderne Statistiken gehen, je nach angelegten Kriterien, von 5 bis 10% echten und nochmals 5 bis 10% sogenannten verdeckten, also umgelernten Linkshändern aus. Immerhin ansehnliche 10 bis 20%! Andere Autoren sprechen gar von einer völlig indifferenten Anlage und behaupten, daß die Händigkeit des Säuglings erst durch seine Umwelt geprägt wird. Dem stehen mindestens zwei Tatsachen entgegen. Erstens bringen linkshändige Eltern signifikant häufiger linkshändige Säuglinge zur Welt und zweitens läßt sich schon beim 28 Wochen alten Embryo der sogenannte Magnussche Kopfwendereflex beobachten, eine Kopfdrehung nach rechts bzw. links, bei der der Fötus die auch später bevorzugten Gliedmaßen streckt und die der anderen Körperseite anzieht.

Bereits bei Platon und Aristoteles finden sich Erklärungen zur allgemein vorherrschenden Rechtshändigkeit. Im Alten Testament und der Ilias wird die Linkshändigkeit von Kämpfern als Besonderheit ausdrücklich erwähnt. Und es gibt auf unserem gesamten Erdball keine einzige Nation oder Völkerschaft, bei der Linkshänder die Mehrheit bilden. Andererseits ist auch nicht festzustellen, daß sich ihre Zahl nennenswert verringert, obwohl sie es im allgemeinen schwerer haben, sich im vorherrschend rechtshändigen Alltag zurechtzufinden. Über dieses Paradoxon ist viel gerätselt worden. Eine der interessantesten Hypothesen dazu stellte R. Kobler in seinem Werk ›Der Weg des Menschen vom Linkshänder zum Rechtshänder‹ vor.

Untersucher	rechts-händige Stücke	links-händige Stücke	symme-trisch	Fundort
G. de Mortillet	105	197	52	Frk./Schweiz
P. Sarasin	147	136	153	La Micoque
P. Sarasin	59	78	66	Frz. Sammlg.
Kobler/Beninger	38	67	47	Öst. Sammlg.
Kobler/Zemek	2	18	1	Lubna
Kobler/Zemek	1	10	–	Nordböhmen

Aus den vorstehenden von G. de Mortillet, P. Sarasin und ihm selbst zusammengetragenen Einstufungen von paläolithischen und neolithischen Steinwerkzeugen, insbesondere dem Umstand, daß der Prozentsatz der für Linkshänder ausgelegten Schaber und Faustkeile mit zunehmendem Alter der Funde ansteigt, zieht R. Kobler den Schluß, daß der Mensch ursprünglich Linkshänder war und sich erst später zum Rechtshänder entwickelte. Dieser Gedankengang deckte sich auch mit der damals sehr populären sogenannten Pye-Smith-Weberschen Kampftheorie, die etwa folgendes besagt: Mit dem Aufkommen primitiver Lanzen, später von Pfeil und Bogen, schützte der Mensch im Zweikampf das eigene Herz (dessen Bedeutung ihm, wie wir aus Höhlenzeichnungen im sogenannten Röntgenstil vermuten können, durchaus bekannt war). Seine rechte Hand wiederum zielte auf kürzestem Wege nach der linken Brust des Gegners. Bei solchen Auseinandersetzungen auf Leben und Tod waren Linkshänder stark benachteiligt und wurden wahrscheinlich häufiger verwundet. Andererseits hatte sich diese Arbeitsteilung beider Hände sicher auch in der Jagd und bei Gefahrsituationen (rechte Schulter vorgestreckt, rechter Arm schützend erhoben) als optimal erwiesen. Beide Faktoren zusammen führten zur Ausbildung und der allmählichen Zunahme der Rechtshändigkeit.

Hier noch eine ergänzende Vermutung, die bei R. Kobler nur vage anklingt: Die rechte Hälfte des Gehirns steuert die Bewegungsabläufe der linken Körperseite, die linke Hemisphäre die der rechten. Aus Gründen, auf die wir im nächsten Kapitel noch zu sprechen kommen, wird die linke Hirnhälfte als Sitz der rational-schöpferischen Komponente unseres Bewußtseins bezeichnet, jener also, die mit der Menschwerdung überhaupt erst entstand. Beim heutigen Menschen ist diese Hemisphäre größer und schwerer als die rechte. Es wäre also durchaus vorstellbar, daß der Prozeß der zunehmenden Intellektualisierung des Menschen auch auf seine Händigkeit zurückwirkte und die Rechtshändigkeit – über die Arbeit – zusätzlich beförderte. Nur am Rande sei hier die nostalgische Überlegung gestattet, wie das menschliche Leben auf unserem Planeten aussehen würde, wenn die Evolution uns eine größere rechte, also intuitiv-emotionale Hirnhälfte beschert hätte: Vielleicht wäre es um vieles freundlicher, gerechter und sanfter.

Das Wissen um die Korrelation zwischen Händig- und Hirnigkeit ist durchaus nicht so neu, wie es auf den ersten Blick erscheinen mag. Mit dem Vorsatz, den Menschen in Emotio und Ratio gleichermaßen zu vervollkommnen und das gesellschaftliche Normativ einer Erziehung auf die rechte Hand zu durchbrechen, verkündete Jean-Jacques Rousseau bereits 1780 in ›Emile‹: »Laßt das Kind die eine oder andere Hand nach seinem Gutdünken gebrauchen.« Der Schriftsteller Charles Read faßte es ein knappes Jahrhundert später noch radikaler: »Der Mensch der Zukunft ist beidhändig.«

In der praxisbezogenen Anwendung unterscheiden wir zwei bevorzugte Bewegungsformen der Hand – die äußere und die innere Drehung. Dabei sei äußere Drehung die Stoß-, Schlag- oder Wurfbewegung, die ein Rechtshänder beschreibt, wenn er einen Diskus oder einen Bumerang fortschleudert. Es handelt sich hierbei um eine von hinten nach vorn (und häufig aufwärts) gerichtete Linksdrehung (Abb. 23). Wir bezeichnen sie als äußere, weil sie unter Einsatz der Schulter- und Brustmuskulatur erfolgt und zu einem Teil um den eigenen Körper führt. Innere Drehung hingegen sei die Bewegung genannt, mit der ein Rechtshänder eine Schraube mit Rechtsgewinde festzieht. Dabei wird vor allem der Bizeps und die fleischige Daumenbasis genutzt, die Drehung selbst ist von uns aus gesehen eine (zumeist nach unten) gerichtete Rechtsbewegung (Abb. 24). Der Verweis »von uns aus« ist hierbei durchaus von Bedeutung, denn adäquat der bevorzugten Entwicklungsrichtung von Windepflanzen und Schneckengehäusen, handelt es sich von der Hand aus betrachtet – Linksbewegung bei nach oben gekehrten Daumen (Bumerangwurf), Rechtsbewegung bei nach unten gekehrtem Daumen (Schraube festziehen) – in beiden Fällen um Linksdrehungen, die sich nur bezüglich ihres Durchmessers unterscheiden. (Der Übergang von innerer zu äußerer Drehung läßt sich übrigens besonders gut an der Handstellung eines Golf- oder Tennisspielers verfolgen.)

Diese zunächst empirischen Erkenntnisse über einen optimalen Muskeleinsatz flossen in die Herstellung von Hiebwaffen und Sportgeräten ein. Später wurde auch der Drall ausgenutzt – die rotierende Eigenbewegung, die wir einem Wurfobjekt mitteilen. Der flache Stein, den wir über die Wasserfläche eines Sees springen lassen, dreht sich beim Rechtshänder entgegen der Schleuderbewegung im Uhrzeigersinn (Abb. 25). Der Masseschwerpunkt des Steins liegt etwa in der Mitte. Durch sein hohes Trägheitsmoment bestrebt, in seiner ursprünglichen Lage zu verharren, wird er zum Rotationszentrum für jenen Punkt am Rand, den wir beim Werfen zuletzt freigegeben haben. Der Drall verleiht der fliegenden Steinscheibe Stabilität und damit eine gewisse Treffsicherheit. Dieses Prinzip wurde für ostasiatische Kampfsterne ebenso genutzt wie bei der Gewehrkugel.

Wird hingegen ein größerer Gegenstand geschleudert, dessen außenliegendes Massezentrum stärker beschleunigt wird, als der Punkt, den wir loslassen, ergibt sich die umgekehrte Bahn – eine linksgerichtete Schleuderbewegung. Sie kommt zur Anwendung beim nordamerikanischen Wurflasso und der Bola (dem zusammengeknüpften Steinepaar der argentinischen Gauchos), bei der Steinschleuder südländischer Schafhirten und bei dem so sinnreich konstruierten Bumerang der australischen Ureinwohner (Abb. 26). Mit nach unten gekehrtem Daumen wird die entsprechende Gegenbewegung – als von uns aus gesehen rechter, von der Hand aus linker Kreisbogen – geführt, so, wenn ein Edelmann den Degen oder

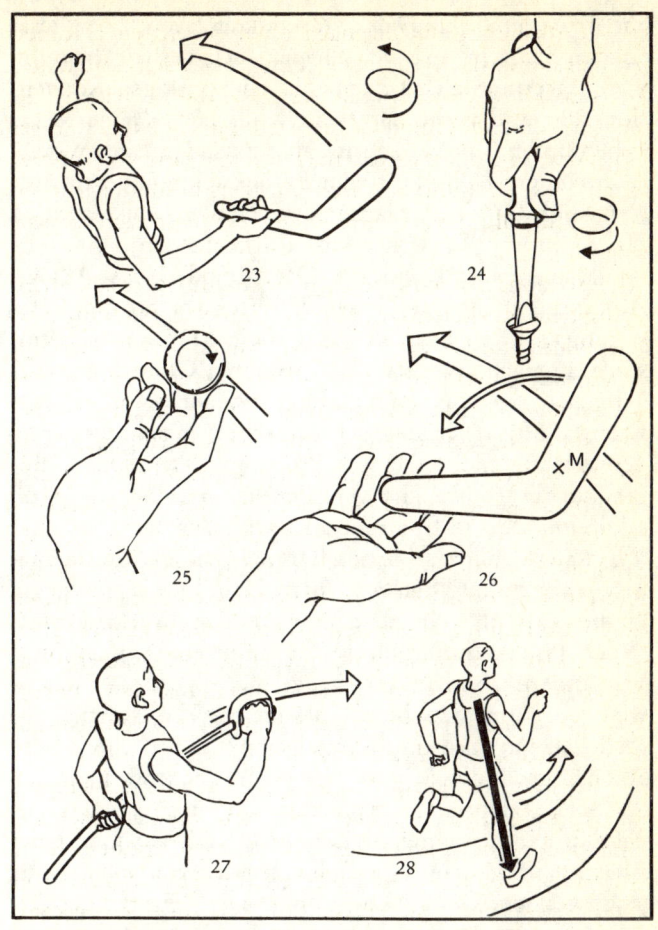

Abb. 23 Äußere Drehung; 24 Innere Drehung; 25 Drall einer fortge-
schleuderten Steinscheibe; 26 Rotation eines Bumerangs; 27 rechtshändige Gegenbewegung zur äußeren Drehung; 28 Beinbelastung beim
Passieren einer Linkskurve (Krebs)

Säbel zog, um seine Dame zu schützen (Abb. 27). Dieses anachronistische Beispiel sei hier auch deshalb bemüht, weil es vermutlich zu der heute noch gültigen Konvention führte, daß die derart zu schützende Dame rechts neben ihrem Kavalier schritt, aber zu seiner Linken saß.

Die innere Drehung findet Berücksichtigung bei Muttern und Gewindebolzen, kleinen Bleianspitzern und Holzbohrern, Wasserhähnen, Korkenziehern, Glühbirnenfassungen und anderen Gegenständen des Alltags. Auf entgegengesetzte Gewinde treffen wir bei den Befestigungsmuttern linkslaufender Räder (um der Selbstlösung entgegenzuwirken), den früheren Glühlampensockeln der New Yorker Untergrundbahn (was sie vor Diebstahl für den Hausgebrauch schützen sollte) oder an den Ansatzstellen zwischen Propangasflasche und Campingkocher (um nicht versehentlich ein Schweißgerät oder eine Sauerstoffpatrone anzuschließen).

Ein anschauliches kleines Beispiel, wie die routinemäßige Verwendung der vertrauten Handkurbel zu einem, in diesem Fall nicht allzu gravierenden Konstruktionsfehler führen kann, bietet Großmutters Kaffeemühle. Wie andere, ähnlich betriebene Küchengeräte – Fleischwolf oder Brotmaschine – besitzt sie eine Kurbel, die rechtsherum, also im Uhrzeigersinn zu drehen geht. Solange man die Mühle, wie wohl gedacht, zwischen die Schenkel preßt und sie mit den Fingerspitzen (bei nach unten gerichtetem Daumen, also adäquat einer Bleistiftspitzmaschine) betreibt, ist dagegen auch nichts einzuwenden. Der Haken ist nur: Der Betreffende läuft gerade in der Anfangsphase Gefahr sich die Finger zu brechen. Also nutzt der Rechtshänder gerne die Faust. Dabei wird der Daumen nach oben gekehrt und weist (im Gegensatz zum Fleischwolf mit seinem vertikal zu drehenden Knauf), von der Kurbel weg. Die äußere Drehung muß somit als echte Rechtsbewegung vollführt werden. Wie hinderlich das sein kann, zeigen die abenteuerlichen Verrenkungen, die gerade ein mit dem altertümlichen Küchenprunkstück wenig vertrauter, hilfsbereiter Besucher vollführt, wenn er Kaffee mahlen will.

E. Stier untersuchte als Stabsarzt eine beträchtliche Zahl von Armeeangehörigen nach den für die bevorzugte Beinigkeit relevanten Prinzipien (Abstoßen beim Weitsprung und beim Schlittern, Ballanstoß et cetera) und kam zu dem Ergebnis, daß Rechtshänder fast ausnahmslos zugleich Rechtsbeiner waren, während der Anteil der Linksbeiner unter den Linkshändern nur drei Viertel betrug.

Die Bevorzugung eines Beins beim Auftreten oder Stoßen bildet sich schon in den ersten Lebensmonaten heraus und läßt sich bei einem zweijährigen Kind bereits zweifelsfrei nachweisen. Statistiken ziehen als Beleg für das bevorzugte Auftreten mit dem der Händigkeit entsprechenden Fuß (die zu einer sekundären Kräftigung des Beines führt) gern den unterschiedlichen Abnutzungsgrad der Schuhsohlen heran. Und in der Tat stützen wir uns, gerade bei längerem Stehen, auf das sogenannte Standbein – bei Rechtshändern meist das rechte. Die kaiserlichen Kuriere im alten China schufen auf dieser Grundlage einen seltsam unbequem anmutenden, hüpfenden Laufstil, der angeblich weniger Verschnaufpausen erforderte. Der Läufer schleifte das eine Bein fast steif mit, während das andere, mit weit ausholendem, von den Armen unterstütztem Schwung, für das Vorankommen sorgte. War das Laufbein erschöpft, wechselte er. Ein ähnliches Prinzip findet sich auch beim Tretroller. Hier nutzt das rechtshändige Kind bevorzugt sein rechtes, kräftigeres Bein zum Abstoßen; ebenso der Töpfer, wenn er seine Drehscheibe antreibt. Die unterschiedliche Belastung führt wohl auch dazu, daß bei den meisten Rechtshändern das rechte, und bei den meisten Linkshändern das linke Bein geringfügig kürzer als das jeweils andere ist. Die Kombination größere rechte Hand – größerer linker Fuß (nach Ansicht vieler Physiologen ein Kriterium der klassischen Rechtshändigkeit) fand Ginsburg an 70% der von ihm untersuchten Skelette aus zwei Jahrtausenden. Nach N. N. Bragina und T. A. Dobrochotowa weicht der linksbeinige Mensch in einer unbekannten Gegend nach rechts ab, die überwiegende Mehrheit der Menschen, die Rechtshänder und Rechtsbeiner sind, demzufolge nach links, offenbar weil mit dem bevorzugten Bein weiter ausgeschritten wird. Um dieser Tendenz zu begegnen, wird beispielsweise der Marschrhythmus auf den linken Fuß verlegt. Mit ihm tritt ein Rechtsbeiner auch meist an – eben weil das rechte Bein Standbein ist und er auf ihm besser das Gleichgewicht halten kann. Aus demselben Grunde zieht er beim schnellen Laufen in bekanntem oder zumindest gut sichtbarem Gelände die Linkskurve der Rechtskurve vor. Das der Belastung besser angepaßte rechte Bein läuft gewissermaßen die »äußere Bahn« und neigt sich dabei leicht nach innen, um so der Fliehkraft zu begegnen (Abb. 28).

C. Porac und ein Forscherteam der University of Victoria kamen bei ihrer Sichtung der Wissenschaftsliteratur der letzten dreißig Jahre zu folgenden Ergebnissen: 91,1% der Menschen sind Rechtshänder, 81% Rechtsfüßer, 71% Rechtsäuger und 59% Rechtshörer. Freilich sind die Zahlen nur mehr oder weniger repräsentativen Untersuchungen entnommen und zum Teil mit starken Schwankungen behaftet (bei der Händigkeit beispielsweise zwischen 84,6 und 96,6%). Verblüffend sind diese Aussagen indes in zweifacher Hinsicht: Zunächst einmal lassen sie die scheinbare Symmetrie unserer Motorik und unserer Sinnesorgane in neuem Licht erscheinen – bei Katzen, Ratten, Mäusen oder Affen sind vergleichsweise nur wenig mehr als die Hälfte rechtspfotig. Zum anderen zeigte sich, daß Frauen nicht nur häufiger und ausgeprägter rechtsseitig sind als Männer, sondern daß bei ihnen auch die Fälle totaler Kongruenz (also stärkere Händig-, Füßig-, Hörig- und Äugigkeit auf ein und derselben Seite) überwiegen.

Alle erwähnten Bewegungsformen gehen, wie allgemein üblich, von der Rechtshändigkeit aus. Die so entwickelten Schrauben, Holzbohrer, Küchengeräte oder Musikinstrumente sind für linkshändige Menschen daher nur mit Mühe handhabbar. Auch wenn in den letzten Jahren technische Großgeräte, wie Kühlschränke, oft in zwei Öffnungsvarianten angeboten werden und es neben diversen anderen Artikeln inzwischen selbst Korkenzieher für den Linkshänder gibt, gilt nach wie vor die traurige Tatsache, daß Linkshänder in unserer Welt von Rechtshändern benachteiligt sind, und eine kürzere durchschnittliche Lebenserwartung haben. Möglicherweise erklärt sich das damit, daß sie mehr Unfälle erleiden, beispielsweise, weil sie das Steuerrad des Wagens in einer Streßsituation falsch herumreißen, oder weil die »normalen« Henkeltöpfe, Scheren oder Brotmaschinen für sie beständige Gefahrenquellen darstellen. Psychische Faktoren kommen hinzu. So weisen Linkshänder oft eine höhere Schmerzsensibilität als Rechtshänder auf. Zudem sind sie meist stärker emotional veranlagt. Gründe dafür können in der leicht abweichenden Belegung der funktionellen Zentren liegen. So nutzen selbst auf rechts umgeschulte Linkshänder in Augenblicken der Erschöpfung, der Unaufmerksamkeit oder des Affekts wieder ihre linke Hand. Linkshändigen Kindern gelingt es, mit der linken Hand nicht nur leichter Normalschrift, sondern auch flüssig Spiegelschrift zu schreiben. Letzteres tun sie mitunter vollkommen unbewußt. Auch der linkshändige Leonardo da Vinci verfaßte seine Aufzeichnungen in Spiegelschrift. Folgen einer gewaltsamen Umerziehung auf die rechte Hand sind mitunter ein Zurückbleiben der geistigen Leistungsfähigkeit und nicht selten Sprachfehler, vor allem Stottern. Dafür wird Linkshändern eine gewisse mathematische Veranlagung und ein besseres räumliches Vorstellungsvermögen nachgesagt. So nutzten Michelangelo, Holbein und Adolf Menzel zum Malen und Zeichnen die gleiche Hand, mit der überdurchschnittlich viele Architekturstudenten der Universität Cincinnati in den siebziger Jahren ihr Abschlußdiplom entgegennahmen – die linke.

Ein Dokumentarfilm und sein jähes Ende

Herr Heimlich erschien verabredungsgemäß zur Beratung über unseren Film. Er informierte mich, daß nun beim Fernsehen alle Zweifel am Wert des geplanten Vorhabens ausgeräumt wären und man eine breite Zuschauerresonanz erwarte. Geplant war ein abendfüllender, exportfähiger Dokumentarfilm unter dem Titel ›Einem Phänomen auf der Spur‹. Als Regisseur wurde uns Herr Lubnau aus Adlershof zugeteilt, der sogleich kundtat, daß er in Farbe drehen würde und mich aufforderte, mir ein leuchtend buntes Hawaiihemd mit einer zitronengelben Krawatte zu kaufen. Das traf nicht eben meinen Geschmack, doch ich fügte mich. Herr Heimlich erklärte in groben Zügen, wie er sich das Szenarium vorstellte. Ich versuchte, ihn mit zusätzlichen Hinweisen zu unterstützen. Die wetterabhängigen Außenaufnahmen wurden einzeln abgedreht und später mit den Interviews zusammenmontiert. Schließlich kam auch der Tag, da das ganze Kamerateam in meinem Labor anrückte, damit ich, entsprechend farblich herausstaffiert, meine Gedanken in Kurzfassung vortragen konnte.

Zur Komplettierung der Filmaussage wurden mehrere Beispiele aus der Historie herangezogen: Tibetanische Mönche betrieben ihre Gebetsmühlen schon vor Tausenden von Jahren mit einer Linksbewegung, die römischen Wagenlenker wendeten ihre zweirädrigen Kampfwagen am Ende der Bahn in einer Linkskurve, und der Athlet der Neuzeit wirft den Diskus noch ebenso aus der Linksdrehung heraus wie sein antiker Vorgänger bei den ersten Olympischen Spielen. Stellvertretend für viele andere Sportarten wurden Eisschnellauf, Hammerwerfen, Hürdenlauf, die Kür am Pferd, der 400-Meter-Lauf, Diskuswerfen und Turmspringen ausgewählt. Auch Darstellungen von Motorrad- und Autorennen (erinnert sei nur an die linksläufigen Bahnen bei Sachsenring, Avus und Schleizer-Dreieck), Eissegeln und Segelfliegen waren vorgesehen.

Eine kurze Szenenfolge war den eher unbewußten Reaktionen gewidmet. Von hinten angerufene Straßenpassanten drehen sich linksherum – Kameraschwenk – auch ein forttrottender Hund wendet sich nach links.

Auf einen Versuch, der speziell für diesen Film unternommen wurde, sei an dieser Stelle kurz eingegangen, da er einen neuen Aspekt ins Spiel brachte. Ein Freund und Studienkollege von mir war passionierter Flugmodellbauer und aktiver Segelflieger. Da er um das Linksphänomen wußte, kam er als Versuchsperson selbst nicht mehr in Betracht. Er vermittelte mir jedoch ein Treffen mit zwei Landesmeistern im Modellflug. Diese trainierten an einem der kleinen Seen in der Umgebung Berlins zwei funkferngesteuerte Modelle mit Schwimmkufen. Die kleinen Flugzeuge wurden mit laufendem Motor aufs Wasser gesetzt, mit Hilfe der Steuergeräte in die Seemitte dirigiert, dort in Position gebracht und bei voller Drehzahl gestartet. In der Luft vollführten sie mehrere Loopings, Schleifen und andere schwierige Flugfiguren, wasserten und flogen erneut gen Himmel. Als das Training beendet war (ein Modell hatte Schlagseite bekommen und mußte vom Schlauchboot aus geborgen werden), fragte ich die beiden jungen Männer, warum sie bei ihrem Kunstflug vor allem Linksbogen beschrieben hätten. Sie sahen einander erstaunt an, blickten auf das umgehängte Kästchen mit den Armaturen, faßten nach dem winzigen Steuerknüppel, bewegten ihn gedankenversunken hin und her und sagten schließlich übereinstimmend, daß Rechtskurven schlechter zu fliegen wären und auch nicht so elegant und harmonisch wirken würden wie Linksbahnen.

Hier tauchte ein völlig neuer Gesichtspunkt auf, schließlich nehmen die Funkpiloten an der ausgeführten Bewegung nicht direkt, sondern nur mittels eines kleinen Metallstiftes teil, der, in Analogie zu entfernt vergleichbaren Drehungen bei Handbohrer, Angelrolle und Kurbelanspitzer, wohl auch leichter im Uhrzeigersinn zu bewegen wäre. Den Ausschlag für die Linkslenkung gab also entweder die Blickrichtung (dann bliebe zu testen, ob mit dem sich nähernden Modell eher Rechtskurven ausgeführt werden) oder aber die motorisch umgesetzte Vorstellung, selbst in der Kanzel zu sitzen. Möglicherweise auch beides.

Bei der Auswertung dieser Versuche erfuhr ich von einem alten Kriegsveteranen, daß bei der Infanterie folgende Faustregel galt: Ein von links hinten kommender feindlicher Tiefflieger greift die Marschkolonne selten an (der Pilot müßte eine Rechtskurve fliegen). Kommt das Flugzeug hingegen von hinten rechts, heißt es schleunigst Deckung im Straßengraben zu suchen. Das gilt sinngemäß natürlich auch für Flugzeuge, die auf die Kolonne zufliegen.

Näheres dazu fand ich später in einem vom Thieme Verlag Leipzig herausgegebenen Buch mit dem Titel: ›Funktionelle Asymmetrien des Menschen‹. Hier wurden unter anderem ähnliche psychomotorische Vorgänge besprochen, wie ich sie seinerzeit an den Modellfliegern beobachtet hatte. Die beiden Moskauer Autorinnen N. N. Bragina und T. A. Dobrochotowa zeigen im wesentlichen Zusammenhänge zwischen den Funktionen des gesunden bzw. partiell geschädigten Hirns und der Verarbeitung von Sinneswahrnehmungen auf und versuchen Störungen von Bewegungs- und Erinnerungsabläufen zu interpretieren. Und zwar sowohl an Rechts- als auch an Linkshändern. Am Ende ihrer Darlegungen kommen sie zu dem Resümee, daß die unterschiedlichen morphologischen, anatomischen, historischen und sozial-kulturellen Erklärungsversuche der funktionellen Asymmetrie des Menschen heute weniger denn je zu befriedigen vermögen: »Ihnen stehen allgemein bekannte Befunde entgegen. Zum Beispiel steht zu der Hypothese, die die Asymmetrie der Großhirnhemisphären bei ihrer Arbeitstätigkeit durch Unterschiede in ihrem Aufbau erklärt, die Tatsache in krassem Widerspruch, daß die funktionell ungleichen Hemisphären hinsichtlich ihrer Morphologie, ihrer Masse, ihrer Vaskularisierung und ihrer elektrischen Prozesse eher ähnlich, als unähnlich sind.

Hypothesen, die die Hauptbedeutung den historischen, sozialen Faktoren beimessen, ignorieren die Tatsache der konstanten Anzahl der Nicht-Rechtshänder, obwohl sie sich vermindern müßte, da die sozialen Bedingungen nicht für die Entwicklung der natürlichen Anlagen der Linkshänder förderlich sind, sondern sie im Gegenteil unterdrücken. Diese Hypothesen vermögen nicht zu erklären, warum die funktionelle Asymmetrie des menschlichen Gehirns bestimmten Veränderungen unterliegt, vor allem in der früheren Ontogenese zunimmt und sich in der späteren Ontogenese ausgleicht, wodurch ihre Abhängigkeit (oder wohl besser die gegenseitige Abhängigkeit) von den Arbeitsbedingungen und vom Inhalt der auszuführenden Tätigkeit zustande kommt und so weiter.

Das Phänomen der funktionellen Asymmetrie des Menschen bleibt – das ist unsere tiefste Überzeugung – solange unverständlich, solange man es ohne Berücksichtigung der allgemeinen Gesetze der Evolution der unbelebten und lebenden Natur behandelt. Eine theoretische Konzeption, die dieses Phänomen zu erklären vermag, muß unseres Erachtens so beschaffen sein, daß sie sich auf die fundamentalen Naturgesetze stützt, die existierenden Hypothesen als Spezialfälle einschließt und eine Antwort auf die zahlreichen in diesem Buch gestellten, aber offen gebliebenen, Fragen gibt. Eine derartige Konzeption läßt sich nach unserer Meinung formulieren, wenn man dieses Phänomen von den Positionen des Symmetrieprinzips aus behandelt.« (Die Autorinnen merken dabei ausdrücklich an, daß sie den Begriff des Symmetrieprinzips als dialektische Einheit von Symmetrie und Asymmetrie verstanden wissen möchten.)

Eine Bildfolge unseres Films war dem ebenso lästigen wie allgegenwärtigen Schlangestehen gewidmet. Auch in solch einer »sozialistischen Wartegemeinschaft« bildet sich in der Regel ein Linkswedel, das heißt, die Personen nähern sich ihrem Zielpunkt von rechts und verlassen ihn nach links. (Auch im Supermarkt greift der Kunde nach seinem Einkaufswagen, betritt die Verkaufszone von rechts und verläßt sie durch die Kassenschleuse nach links, beschreibt also einen Bogen entgegen dem Uhrzeigersinn.) Unser Antrag an das Ministerium für Post- und Fernmeldewesen, eine Drehgenehmigung für die Schalterhalle eines Postamts unter dem Titel ›Schlange am Schalter‹ zu erwirken, wurde mit der barschen Bemerkung: »Bei uns gibt es keine Schlangen!« abgewiesen. Sehr anschaulich in diesem Zusammenhang auch das Passieren von Drehtüren: Man betritt das Gebäude durch die rechte Seite und verläßt es durch die linke – die Tür dreht sich also nach links. (Der Wunsch, das stillschweigend festgeschriebene Reglement zu durchbrechen, würde sowohl bei entgegenkommenden als auch nachfolgenden Passanten wenig Verständnis auslösen). Herr Heimlich stieß in einem Thüringer Hotel auf eine weitere eindrucksvolle Szenerie. Dort mündete die imposante Freitreppe in einen symmetrischen Flur, welcher sich nach links und rechts fortsetzte. Der rechte Flügel führte zur gläsernen Ausgangstür, der linke zu einem riesigen Wandspiegel. Fast gewohnheitsmäßig strebten die meisten Hotelgäste auf der Suche nach dem Ausgang zunächst dem Spiegel zu und korrigierten sich erst, als sie ihren Irrtum bemerkten. Und das geschah selbst Personen, die den richtigen Weg bereits mehrfach gegangen waren!

Selbstverständlich wiederholten wir auch Experimente, zu denen bereits Ergebnisse vorlagen. So forderte ich mehrere Kinder, die sich auf dem Spielplatz im Rollerfahren übten, auf, im Kreise zu fahren. Oder ich ging mit der Stoppuhr in der Hand über einen Schulhof und ließ eine Gruppe von Unterstufenschülern einzeln um einen entfernter stehenden Baum und wieder zurück laufen. Angeblich um festzustellen, wer von ihnen der Schnellste sei. Dabei achtete ich streng darauf, daß die Kinder den vorherigen Läufer nicht sehen konnten. Auch diese Versuche belegten eine deutliche Bevorzugung von Linksbewegungen.

Herr Heimlich teilte mir bald darauf mit, daß die Arbeiten schon weit fortgeschritten seien und die Sendung in einer der nächsten Fernsehzeitschriften angekündigt werden würde. (Das geschah in der ›FF-dabei‹ für die Programmwoche vom 19.–25. 4. 1976.) Auch gab es ein Angebot der ARD, den Film zu übernehmen. Alles in allem hatte ich guten Grund, mich auf den Film und die durch ihn ausgelösten Reaktionen zu freuen. Sie sollten meine Untersuchungen weiter vorantreiben.

Um so erstaunter war ich denn, als Ende September 1976 ein Brief vom Fernsehen der DDR, Redaktion Umschau – Aus Wissenschaft und Technik, (datiert vom 16. 9. 1976) eintraf, der sich auf unsere Dokumentation über das Linksphänomen bezog und folgende wenig überzeugende Erklärung enthielt:

Sehr geehrter Herr Dr. Wachtel,

für die freundliche Unterstützung, die Sie uns bei der Arbeit zu unserer Sendung über die Links-Rechts-Problematik gegeben haben, bedanken wir uns noch einmal recht herzlich.

Im Verlaufe der Produktion sind bei der technisch-organisatorischen Bewältigung des umfangreichen Stoffes Schwierigkeiten aufgetreten, die zu einer wesentlichen Verzögerung der Fertigstellung dieser Abendreportage führen. Sie darüber zu informieren, liegt uns am Herzen, weil sich dadurch der Ihnen avisierte Sendetermin verschiebt. Die straffe Planung unserer materiell-technischen Kapazitäten und der schöpferischen Kräfte sowie die Lösung aktueller Aufgaben führen dazu, daß im Moment auch keine terminlichen Festlegungen über die Weiterführung der Arbeiten an dieser Sendung getroffen werden können. Sobald wir Näheres wissen, werden wir Sie selbstverständlich darüber informieren.

Mit freundlichen Grüßen

gez. Otto Dienelt, Redaktionsleiter
gez. K. Heimlich, Redakteur

Anzumerken bleibt, daß die Dreharbeiten durch die Vorgesetzten in Adlershof stets mit viel Enthusiasmus unterstützt worden waren und sie dem Film letztlich die doppelten der veranschlagten Produktionskosten zugebilligt hatten, ohne daß irgend jemand auch nur den geringsten Einwand erhob. Das ließ die plötzliche Absetzung des Filmberichts unmittelbar vor seiner angekündigten Fertigstellung doppelt mysteriös erscheinen. Herr Heimlich selbst fühlte sich durch das nicht von ihm initiierte Schreiben schlichtweg übergangen und versuchte mehrfach, eine Wiederaufnahme der abschließenden Arbeiten zu erreichen – ohne Erfolg. Wenige Wochen darauf erlitt er einen schweren Autounfall. (Sein Wagen wurde auf offener Straße von einem LKW gerammt und erlitt Totalschaden.) Als ich das nächste Mal von ihm hörte, war er in die Psychiatrie des St. Josef-Krankenhauses Weißensee eingewiesen worden. Seine Frau hatte mich verständigt, und ich suchte ihn umgehend auf. Herr Heimlich sah müde aus, stand offenbar unter Tabletteneinwirkung und berichtete mir gelassen, daß er von seiner alten Arbeitsstelle beim Fernsehfunk ins Archiv versetzt worden sei. Dort habe er die Aufgabe erhalten, in Frage kommende westliche Filmberichte auf ihren Bezug zum Linksphänomen zu prüfen.

Auf diese Art endete meine Zusammenarbeit mit dem Fernsehfunk.

Die Herausbildung des Bewußtseins ist eng mit der Herausbildung des Nervensystems verknüpft und existiert wie dieses in sehr unterschiedlichen Formen. Als höchstentwickelte Form gilt das Bewußtsein des Menschen. Erst in diesem Jahrhundert gelang es, in die Geheimnisse unseres Großhirns einzudringen, dessen Arbeitsweise, Codierungen sowie die Lage einzelner funktionaler Zentren zu ergründen. Dazu werden häufig Patienten herangezogen, denen man, im Rahmen therapeutischer Maßnahmen, die beide Hirnhälften verbindenden Fasern – oft auch nur den Balken, Corpus callosum – durchtrennt hat. Diese Operation wird zuweilen bei schwersten Epilepsien durchgeführt, da Anfälle nach einem derartigen Eingriff erfahrungsgemäß zurückgehen oder sich zumindest auf eine Hirnhälfte beschränken. Bis auf geringfügige linksseitige Reaktions- und Empfindungsstörungen, verhalten sich solche Split-Brain-Patienten im Alltag vollkommen unauffällig. Auch ihr Intellekt wirkt unverändert. Durch eine Reihe von Experimenten, bei denen sich Split-Brain-Fälle abweichend verhielten, gelang es R. Sperry jedoch, markante Unterschiede in der Arbeitsweise beider Hirnhälften nachzuweisen.

Wurden Gegenstände entsprechend Sperrys Versuchsanordnung (Abb. 29) vor die rechte Gesichtshälfte eines Split-Brain-Patienten projiziert, konnte er diese mit der rechten Hand heraussuchen, sie benennen, den zugehörigen Begriff lesen oder aufschreiben. Er unterschied sich also in nichts von einer normalen Testperson. Wurde ihm das Schattenbild dagegen vor die linke Gesichtshälfte projiziert, vermochte der Split-Brain-Patient den zugehörigen Gegenstand zwar herauszusuchen, war aber weder während der Projektion, noch nachdem er den Gegenstand bereits in der linken Hand hielt, in der Lage,

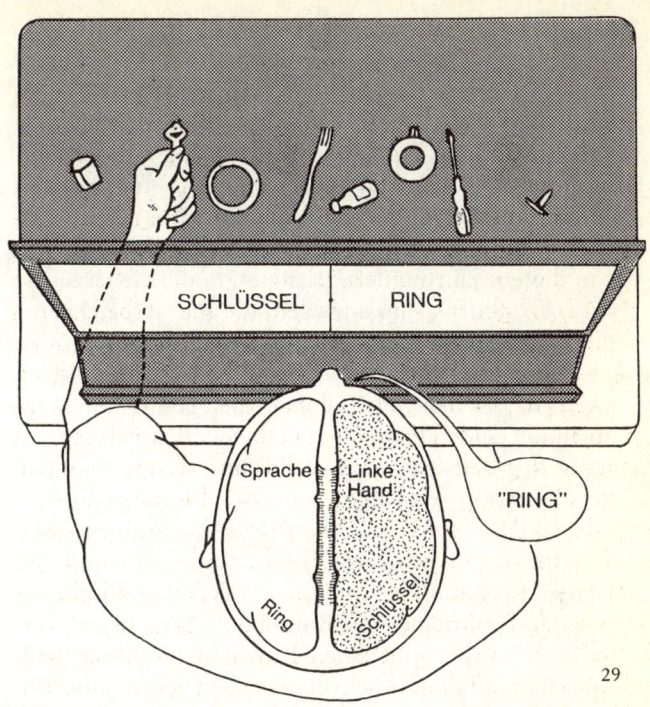

Abb. 29 Antwortverhalten eines Split-Brain-Patienten: Der Patient berichtet, daß er im rechten Fenster das kurz eingeblendete Wort »Ring«
gelesen hat, verneint jedoch, das links gezeigte Wort »Schlüssel« gelesen
zu haben. Er ist nicht in der Lage, Objekte zu benennen, die ihm in die
linke Hand gelegt werden. Auf Aufforderung sucht er jedoch mit der
gleichen Hand den korrekten Gegenstand heraus. Er selbst bezeichnet
ihn als »Ring«. (nach Sperry)

diesen zu benennen. Auch gelang es ihm nicht, vor die linke Gesichtshälfte projizierte Worte zu lesen.

Weitere Resultate belegten in überzeugender Weise, daß die linke Hirnhälfte sowohl bei Rechtshändern als auch – und das war neu – bei den meisten Linkshändern als Sitz des Sprachzentrums anzusehen ist, sich bei letzteren jedoch häufig auch eine Verschiebung in die rechte Hälfte bzw. eine Verteilung auf beide Seiten findet.

Die großen Sprachzentren (Abb. 30) unterscheiden sich vor allem darin, daß der Patient bei Schädigung eines bestimmten Teils Artikulationsstörungen, jedoch kaum Verständnisschwierigkeiten hat, während er bei Verletzung einer anderen Region zwar gut hören, den Sprecher jedoch nicht mehr verstehen kann. Das Gesagte gilt nur in Abhängigkeit von der Sprache selbst. Starke Schädigungen der Wernickeschen Sprachregion, die bei Europäern zum gänzlichen Verlust der Schreib- und Lesefähigkeit führen, fallen bei Japanern wesentlich weniger und bei Chinesen kaum ins Gewicht. Umgekehrt führen für Europäer sprachlich folgenlos bleibende Schädigungen im Parietalgebiet bei Japanern zu Störungen, bei Chinesen gar zum völligen Verlust der Fähigkeit zur schriftlichen Kommunikation. Der Grund liegt darin, daß europäische Sprachen phonetisch organisiert sind und das Chinesische in Bilderschrift fixiert wird. Beim Japanischen handelt es sich um eine Mischform beider Varianten. Da die Bildschrift nicht mit dem phonetischen Gehör gekoppelt ist, büßt der Chinese bei dessen Zerstörung nicht wie der Europäer gänzlich die Fähigkeit zum Lesen und Schreiben ein, sondern lediglich die, geschriebene Texte laut vorzutragen. Allein die Okzipito-Peritale-Hirnregion ermöglicht ihm das Erkennen seiner Schriftzeichen. Wird dieses optisch-kombinatorische Zentrum zerstört, könnten wir zwar noch die Einzelheiten eines Porträtfotos wahrnehmen, wären aber nicht mehr imstande, die darge-

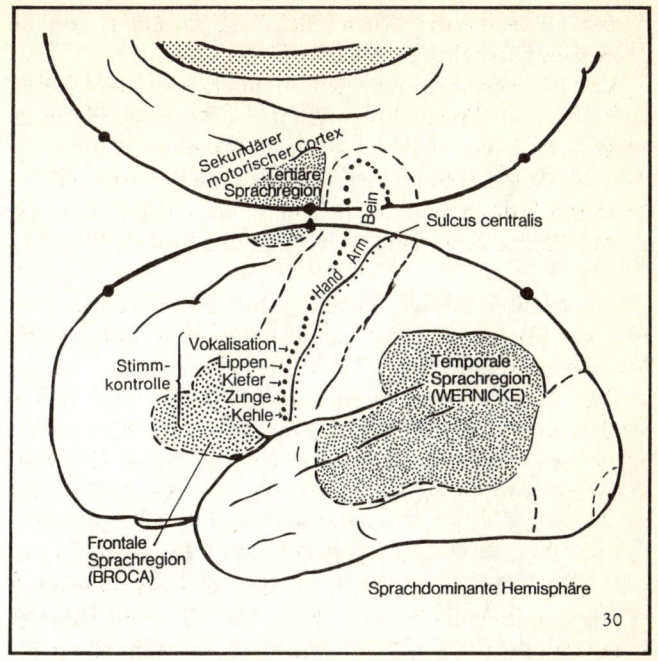

Abb. 30 Lage der Sprachregionen in der linken Hirnhälfte (nach Penfield und Roberts)

stellte Person zu erkennen. Wir würden nur ein Auge, ein Ohr, eine Nase, einen Mund und ein weiteres Auge sehen, kurzum: ein surrealistisches Gemälde.

Die linke Hirnhälfte erfüllt also sprachfunktionale Aufgaben. Die rechte hingegen ist für subjektive Färbungen der Sprache, ihre Betonung, den Akzent, die Satzmelodie zuständig. Obzwar auch sie über ein gewisses Maß an Formerkennung und Abstraktionsvermögen sowie ein minimales Sprachverständnis verfügt, ist ein Mensch ohne Zutun der linken Hemisphäre nicht in der Lage, sich verbal oder schriftlich zu äußern. Im räumlichen Vorstellungsvermögen und beim musikalischen Gehör scheint indes die rechte Hirnhälfte der linken überlegen zu sein.

So waren Musiker oder Bildhauer, die nach schwerer Krankheit die Fähigkeit der mündlichen Kommunikation eingebüßt hatten, dennoch in der Lage, zu komponieren und hervorragende Gemälde oder Skulpturen zu schaffen.

Legt man Split-Brain-Patienten ein zusammengesetztes Porträtfoto vor, rekonstruieren sie, in jeder Hirnhälfte separat, das jeweilige Ausgangsbild (Abb. 31). Dieser Versuch ist auch deshalb interessant, weil er auf ein offenbar eng mit der Hirnentwicklung in Zusammenhang stehendes Phänomen, die Asymmetrie unseres Gesichts, verweist. Denn wenn wir aus den im folgenden kurz aufgeführten Gründen von der Annahme ausgehen, daß Funktionen, die wir als rational bezeichnen, ihren Sitz vorzugsweise in der linken und intuitive Funktionen ihren Sitz vorzugsweise in der rechten Hirnhälfte haben, verdienen vorsichtig formulierte Hypothesen, die die mehr oder weniger ausgeprägten Rechts-Links-Asymmetrien des Gesichts mit dieser Differenzierung in Verbindung bringen, zumindest eine sachliche Überprüfung. Obzwar Frauen meist ebenmäßigere Züge besitzen als Männer, sind sie sich oftmals sehr genau darüber im klaren, daß ihr Gesicht von einer Seite – meist der linken – vorteilhafter wirkt als von der anderen. Auch bei Paßfotos wird in der Regel das linke Halbprofil aufgenommen.

Auf die Verschränkung der Motorik und Sinnesorgane mit der jeweils entgegengesetzten Zerebral-Hemisphäre, den Umstand also, daß Hand, Arm, Fuß, Bein, ja sogar das Auge der rechten Seite von der linken Hirnhälfte aus gesteuert werden und umgekehrt, ist bereits an anderer Stelle verwiesen worden. Insgesamt ergibt sich also ein Bild, wie wir es in Abb. 32 sehen.

Verletzungen der rechten Hemisphäre führen häufig zu emotional indifferentem Verhalten oder überschwengli-

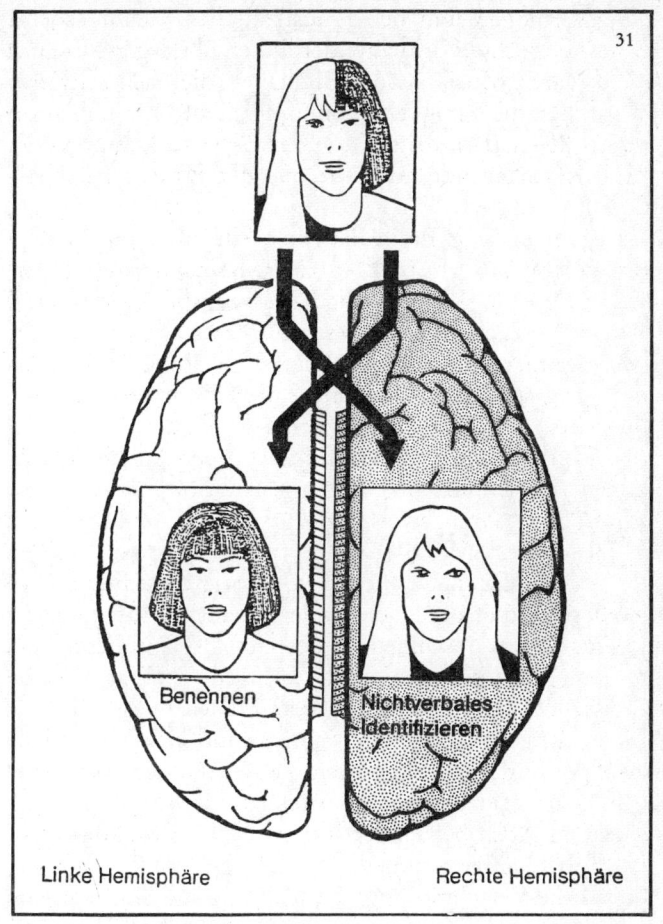

Abb. 31 Getrennte Rekonstruktion einer Ausgangsvorlage durch einen Split-Brain-Patienten: Jede Hirnhälfte ergänzt die angebotene Gesichtshälfte zu einem kompletten Porträt, von dem die andere Hirnhälfte nichts weiß. Die Identifikation des linken Porträts erfolgt verbal, die des rechten nichtverbal. (nach Sperry)

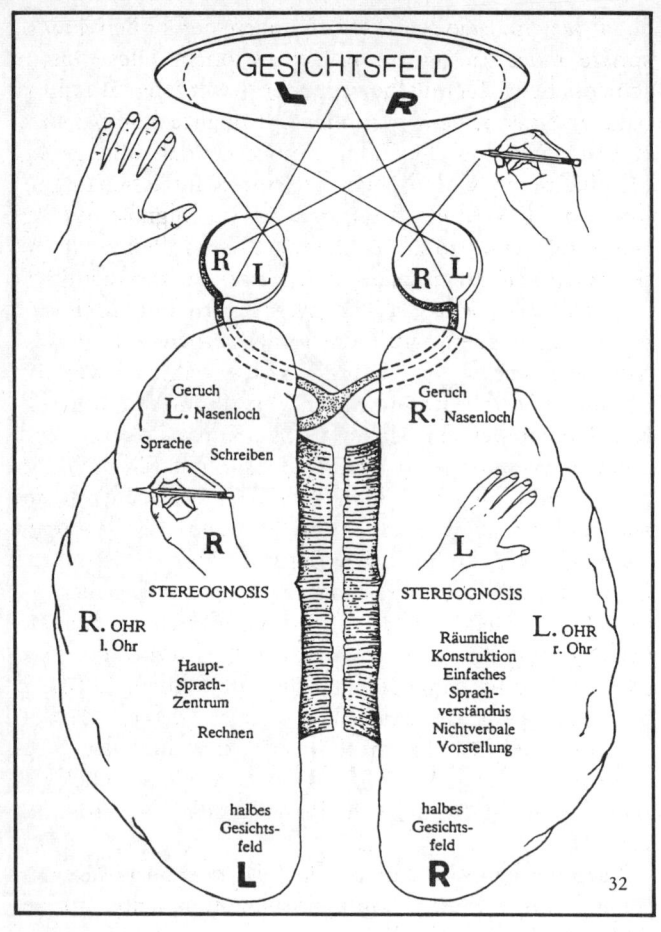

Abb. 32 Schematisierte Übersicht über die Funktionsteilung beider Hirnhälften (nach Sperry)

chen Seelenzuständen, Schädigungen der linken Hemisphäre indes zu schweren Depressionen. Diese unterschiedlichen Gemütsbewegungen werden allerdings bald von der jeweils gesunden Hirnhälfte kompensiert. R. Ornstein und D. Galin betonten, daß die rechte Hirnhälfte eines Menschen, der eine Kopfrechenaufgabe löst, im EEG Alpha-Rhythmen zeigt – Signale, die auf »Leerlauf« hindeuten. Andererseits sind Patienten mit rechtsseitigen Hirnschädigungen stark in der Fähigkeit beeinträchtigt, Musikstücke zu erinnern und Melodien wiederzuerkennen. Auf einen identischen Zusammenhang wies auch C. Sagan hin: »Von Marihuana wird oft behauptet, es verbessere unser Verständnis für und unsere Fähigkeiten zu Musik, Tanz, Kunst, Muster- und Zeichenerkennung und unsere Sensibilität für nichtverbale Kommunikation. Soviel ich weiß, ist von Marihuana nie gesagt worden, es erhöhe unsere Fähigkeit, Ludwig Wittgenstein oder Immanuel Kant zu lesen und zu verstehen; oder die Tragfähigkeit von Brücken zu berechnen; oder Laplace-Transformationen zu berechnen. Oft hat die Versuchsperson sogar Mühe, ihre Gedanken zusammenhängend niederzuschreiben. Ich frage mich, ob nicht Cannabinol (der Wirkstoff in Marihuana) nur die linke Hemisphäre blockiert und den Sternen gestattet, sich zu zeigen. Dies ist vielleicht auch das Ziel der meditativen Zustände vieler östlicher Religionen.«

Die amerikanische Forscherin J. Brothers, die sich eingehend mit Frauenpsychologie befaßt, machte auf geschlechtsspezifische Differenzierungen in der Hirntätigkeit aufmerksam. So entwickelt sich die linke Hirnhälfte, die Sprache und Lesen steuert und Informationen in logischer Reihenfolge verarbeitet, bei Frauen eher als beim Mann. Demzufolge können Mädchen im allgemeinen auch früher und besser lesen und schreiben als Jungen. Letztere wiederum sind den Mädchen durch ihre frühzeitig ausgebildete rechte Hirnhälfte im räumlichen Denken überlegen, sie haben mehr Verständnis für technische Dinge und verlaufen sich nicht so leicht. Im Erwachsenenalter ist beim Mann eine Spezialisierung beider Hirnhälften zu beobachten. Nebeneinander arbeitend befähigen sie ihn beispielsweise, eine Schaukel zusammenzusetzen und dabei gleichzeitig über den Ablauf des bevorstehenden Kindergeburtstages zu reden. Frauen hingegen profitieren von dem besseren Zusammenspiel ihrer beiden Hirnhälften. Das verhilft ihnen in der Regel zu größerer Menschenkenntnis und läßt sie besser emotionale Nuancen in der Rede ihres Gegenübers aufspüren. Auch wenn die Gefäße der linken Hirnhälfte durch einen Schlaganfall zerstört werden, haben Frauen durch ihre übergreifende Denkstruktur bessere Chancen, das Sprechen, Lesen und Schreiben wiederzuerlernen als Männer.

N. N. Bragina und T. A. Dobrochotowa weisen in ihren Untersuchungen nach, daß bei der rechtshändigen Mehrheit der Menschen eine gewisse räumlich-zeitliche Arbeitsteilung der Hirnhälften wirksam wird, und zwar, grob gesagt, eine Art Verknüpfung der rechten Hemisphäre mit der vergangenen und der linken Hemisphäre mit der künftigen Zeit. Im einzelnen unterscheiden die beiden Wissenschaftlerinnen motorische, sensorische und psychische Asymmetrien. Ihre weitgefächerten Kasuistikschilderungen seien hier zu einem vereinfachten Schema zusammengefaßt, welches ihre Meinung zu den Effekten teilweise reversibler Schädigungen adäquater Hirnregionen in der linken bzw. rechten Hemisphäre, bei voller Funktion der kommunizierenden Fasern, wiedergibt. Die neu ausgebildeten Qualitäten sind also Effekte der jeweils anderen, gesunden Hirnhälfte:

Störung der linken Hemisphäre:

- Sprache, wenn nicht schwer gestört, stark emotional gefärbt
- andere Personen werden als Helfer oder als Bedrohung gesehen
- starkes Mißtrauen, Unsicherheit
- »Ich«-Empfinden wird stärker
- Überreaktion auf die Krankheit (als sehr schwer empfunden)
- langsame Rückkehr der Orientierung (erst Raum, dann Zeit)
- Raum und Zeit scheinbar verstärkt
- rechte Körperseite voll beweglich
- vorrangig psychomotorisch geprägte Vorstellungen
- oft zukunftsbezogen

Störung der rechten Hemisphäre:

- Sprache wird ausdrucksärmer, emotionale Züge verschwinden
- andere Personen werden als »Automatenwesen« gesehen
- Gleichgültigkeit

- »Ich«-Empfinden verschwindet
- kaum Reaktion auf Krankheit (wird als fremd empfunden)
- schnelle Rückkehr der Orientierung (erst Zeit, dann Raum)
- Raum und Zeit »abgeschwächt«
- linke Körperseite »taub«

- vorrangig psychosensorisch geprägte Vorstellungen
- oft vergangenheitsbezogen

Typisch für die Schädigungen der rechten Temporalregion ist offenbar eine Störung des Zeitverlaufempfindens. Die Zeit scheint stillzustehen oder läuft rascher, mitunter wird ein Ereignis als Kette endloser Wiederholungen empfunden. Der Raum erscheint als »déjà vu« oder »nie gesehen«, zuweilen fühlt sich der Patient in eine zweidimensionale Fläche versetzt. Ist hingegen die vordere linke Region verletzt, tritt die Erinnerung auf merkwürdige Weise zurück und weicht einem stark zweck- und zukunftsbezogenen Denken. M. Guiot definierte Zukunft als die Gesamtheit der Möglichkeiten, unsere aktuellen Bedürfnisse zu befriedigen. Er führt das Bild eines hungrigen Kindes an, das die Hände zu seiner Ernährerin streckt und formulierte abschließend: »Die Zukunft ist nicht etwas, das zu uns kommt, sondern etwas, zu dem wir gelangen.« Insofern ist der Begriff des Psychomotorischen als Gegensatz zum Psychosensorischen, dem reinen Registrieren, Werten und »Einfrieren« der Wahrnehmung, zu verstehen.

Ein deutlicher Unterschied zwischen Mensch und Tier liegt bekanntlich darin, daß der Mensch aus der Gegenwart auf eine voraussichtliche Situation schließen kann. Stellen wir uns nur einen seekranken Cockerspaniel vor, der sich auf seiner ersten Überfahrt in absolut trostloser Weise »hundeelend« fühlen muß, da er (im Gegensatz zu seinem gleichfalls an die Reeling geklammerten Herrchen) die Ankunftszeit der Fähre nicht kennt, seine Situation also nicht durch die Aussicht auf ein baldiges Ende der Qualen gemildert wird. Aber auch seinem Herrchen erscheint diese eine Stunde deutlich länger als beispielsweise die neunzig Minuten eines spannenden Kriminalfilms. Dem Erwachsenen ermöglicht ein Blick zur Uhr, die aktuelle Wahrnehmung zu relativieren. Ein Kind jedoch wird, ähnlich unserem Hund, allein den Zeiteindruck speichern, seine subjektive Zeit. Sehen wir als Erwachsener nach dem alten Grundschulgebäude, welches wir seit der Kindheit nicht mehr betreten haben und steigen seine morschen Treppen empor, erscheinen uns seine einst weitläufig anmutenden Klassenzimmer zu winzigen Dimensionen geschrumpft und die ehemals endlosen Korridore überraschend kurz. Der subjektive Raum der Schulzeit wird durch das Raumempfinden des Erwachsenen korrigiert. Daß auch der neue Eindruck nur subjektiv ist, wird uns spätestens dann bewußt, wenn wir einen Unfall erleiden und unsere Umwelt vorübergehend nur noch aus der Sicht eines Rollstuhlfahrers sehen. Der Mensch ordnet also die jeweils aktuelle Zeit- und Raumvorstellung in seinen subjektiven Erfahrungsschatz früherer konkreter Zeiten und Räume ein und bewertet sie assoziativ. Und zwar käme dabei, nach R. Sperry, der rechten Hirnhälfte die Aufgabe der Erfassung, der linken die des Vergleichs und dem Wechselspiel beider die reaktionsauslösende Wertung zu.

Doch auch die bevorzugte Zeitrechnung scheint sich im Laufe des Lebens zu verschieben: Das Kleinkind, dessen Erfahrungsschatz ja gering ist, denkt pragmatisch, wenig wertend und stark zukunftsbezogen. (Unter Zukunft sei in diesem Falle der Zeitraum der nächsten Minuten verstanden.) Dabei nutzt es, beispielsweise wenn es nach einem Ball fassen will, die linke Hirnhälfte und deren psychomotorische Prägung. Der Greis hingegen braucht, wenn er gedankenverloren nach einem Buch greift, diese tausendfach vollführte Geste nicht erst neu zu ersinnen. Er denkt retrospektiv, erinnert Wahrnehmungen, wie Gerüche, Blattfärbungen, Landschaften, allerdings nur selten selbstausgeführte Handlungen. (Und dann zumeist nur in blitzlichtartig erhellten Einzelbildern.) Dabei bedient er sich der rechten Hemisphäre. Eine Bestätigung dieser hier natürlich stark verknappt vorgestellten These deutet sich in der deutlichen Symmetrie beider Hirnhälften bei sehr kleinen Kindern und sehr alten Menschen ab. Dazwischen liegt eine Phase, in der die linke Seite des Großhirns in der Regel schwerer und voluminöser ist als ihr Gegenstück, eben jene Phase, die der Mensch als Gegenwart empfindet, weil sie ihm sowohl Vergangenheit als auch Zukunft zu bieten vermag.

Sämtliche bisherigen Angaben gelten allerdings nur für Rechtshänder. Bei Linkshändern und Ambidextern (Personen, die mit beiden Händen gleich geschickt sind) gibt es offenbar je nach Grad der Ausprägung ihrer Händigkeit, teilweise aber auch völlig unbeeinflußt davon, nur sehr schwer vorhersehbare Effekte bei Hirnschädigungen. Die Funktionszentren sind bei ihnen in Lage und Größe häufig verschieden und so kommt es auch zu eher individuellen Störungen. Eine der merkwürdigsten dürfte sein, daß Linkshänder (nach N. N. Bragina und T. A.

Dobrochotowa) bei bestimmten Formen der Hirnschädigung – und zu einem geringen Teil auch als völlig Gesunde – über eine Art »zweites Gesicht« verfügen. Damit ist nicht etwa das Benennen der tatsächlichen Zukunft gemeint, sondern das deutliche Gefühl, erahnen zu können, was der Gesprächspartner sogleich sagen wird, Bruchteile vor dem überraschenden Sturz diesen vorherzusehen und so weiter. Dinge, die im Unterschied zu »déjà vu« nicht mit erinnerbaren Situationen in Verbindung gebracht werden. Es ist also anzunehmen, daß sich hier psychomotorische und psychosensorische Eindrücke entweder überlagern oder zeitlich vertauscht registriert werden. Diese für den Betroffenen sicher unheimliche Störung wirkt vergleichbar mit der Gabe der weißen Königin aus ›Alice hinter den Spiegeln‹, die sowohl die Vergangenheit als auch die Zukunft zu erinnern vermag – mit dem Unterschied, daß sich die Herrscherin nicht nur in ihrem Empfinden, sondern auch in Wirklichkeit erst den Finger verbindet bevor sie sich versehentlich an ihrer Brosche sticht. Auch das Phänomen des subjektiven Raumes und der subjektiven Zeit – man denke nur an Alices unablässiges Wachsen, Schrumpfen und die Uhr des verrückten Hutmachers, die statt der Stunden Tage anzeigt – wird in Lewis Carrolls Wunderland-Buch auf anschauliche Weise deutlich gemacht. Er selbst war ebenfalls Linkshänder, wurde auf die rechte Hand umerzogen und begann daraufhin stark zu stottern. Die Dronte Dodo, die er in seiner phantastischen Welt auftreten läßt, steht in wissender Ironie für ihn selbst – Mister Do-Do. (Bis zu Dodgson, so sein bürgerlicher Name, ist er offenbar selten gekommen ...)

Nach dem mysteriösen Abbruch der Dokumentarfilmarbeiten konzentrierte ich mich erneut auf Literaturstudien, um der Lösung des Bewegungsrätsels auf die Spur zu kommen. Die übereinstimmenden Aussagen der im Film befragten Autoritäten gaben mir neuen Auftrieb. Das Phänomen selbst erschien als Asymmetrie und könnte folglich von untergeordneten Asymmetrien verursacht werden. Wo aber waren solche zu finden? Eine war mir von Physikvorlesungen her noch in Erinnerung. Alle uns umgebenden materiellen Körper, vom Luftmolekül bis zum Planetensystem, drehen sich. Selbst Elementarteilchen rotieren, bildlich gesprochen, wie ein Kreisel um die eigene Achse. Ihr Drehimpuls wird als Spin bezeichnet. Er kann negative oder positive, halb- oder ganzzahlige Werte annehmen und läßt sich exakt berechnen. Auch hatte ich bereits von den Versuchen von Frau Professor Wu gehört, die den von Lee und Yang 1956 vorhergesagten Sturz der Parität im Bereich der schwachen Wechselwirkungen so glänzend bestätigten. Sollte zwischen dem asymmetrischen Verhalten der Elementarteilchen und dem Linksphänomen ein Zusammenhang bestehen? Der Versuch, Wissenschaftler im sowjetischen Kernforschungszentrum Dubna zu konsultieren, erschien jedenfalls lohnend. Durch Vermittlung von Herrn Goldmann, eines guten Bekannten von mir, erhielt ich einen Termin beim Generalsekretär der Akademie der Wissenschaften, Herrn Professor Grothe. Herr Goldmann nahm gleichfalls am Gespräch teil. Professor Grothe hörte sich meine Überlegungen aufmerksam an und versprach, einen Besuch in Dubna zu ermöglichen. Ich übersandte ihm eine amerikanische Publikation über Versuche mit polarisierten Elektronen, um die er mich dringend gebeten hatte, und harrte der Dinge. Mehrere Wochen später erschien Herr Goldmann im Labor unseres Instituts und teilte bekümmert mit, daß Professor Grothe sich leider außerstande sähe, sein Versprechen einzulösen. Es habe dienstliche Unstimmigkeiten zwischen ihm und dem Vertreter aus Dubna gegeben. Herrn Goldmann gegenüber zog ich diese Gründe in Zweifel. Er wich meinem Blick aus und murmelte nach anfänglichem Zögern: »Versteh doch, die wollen selber berühmt werden ...«

Ich bedauerte letztlich nur, daß ich keine Gelegenheit zu dem mir so wichtigen Gedankenaustausch erhalten hatte und zog mich erneut in die Laborgefilde zurück. Die Neugier blieb, und auch die Diskussionen im Kollegenkreis wurden fortgesetzt. In die Gespräche mit regelmäßig hinzugezogenen Fachleuten anderer Disziplinen mischte sich jedoch fortan die Ungewißheit, ob der entsprechende Experte tatsächlich nicht in der Lage oder lediglich nicht gewillt war, auf unsere Problemstellung eine klare und eindeutige Antwort zu geben. Hinzu kam, daß mir meine eigenen naturwissenschaftlichen Schwächen, insbesondere in höherer Mathematik und Physik, durchaus bewußt waren. Zu allem Überfluß war die Mehrheit der von mir angestellten Beobachtungen mit einer geringen Individuenzahl durchgeführt worden. Sie mußten mithin nicht unbedingt typisch sein. So stehen F. O. Guldbergs spärliche Fallstudien der ausgedehnt kreisförmigen Bewegungen von Menschen unter stark eingeschränkten Sichtverhältnissen, die eine eindeutige Bevorzugung der Rechtsbewegung belegen, im krassen Widerspruch zu der von moderneren Physiologen als Regel postulierten Linksabweichung von Rechtshändern in unbekanntem Gelände. Nur hatte Guldberg seine Gruppen von drei bis vier Personen erst im nachhinein erfaßt und dabei völlig unberücksichtigt gelassen, ob sich darunter Rechts- bzw. Linkshänder, besser Rechts- bzw. Linksbeiner, befanden und in welchem Maße, ob als ortskundiger Führer oder als Geleitperson, diese an der Gesamtbewegung beteiligt waren.

All das machte die Sache nicht gerade einfacher, und so suchten wir nach einem eindeutigen Experiment, das subjektive Faktoren weitgehend ausschloß und auch die Skeptiker zu überzeugen vermochte. Ich hatte mich allmählich zu der imposanten Idee verstiegen, belebte Materie von oben mit links- bzw. rechtsgedrehter Strahlung zu beschießen, um anschließend nach sichtbaren Reaktionen zu fahnden. Mechanistisch stellte ich mir das wie ein am oberen Ende gedrehtes Seil vor, welches je nach Drehrichtung entweder eine links- oder eine rechtsgedrehte Spirale bilden würde.

Doch wie sollten wir diese Strahlung erzeugen, kontrollieren, filtern? Schließlich sollten sowohl die natürlichen Kraftfelder als auch der Lichteinfall, die Luft, sowie zahlreiche andere Faktoren unverändert erhalten bleiben. Mehr oder weniger zufällig sprach ich darüber mit Dr. Ritschel, einem Ingenieur aus dem benachbarten Rechenzentrum. Dieser machte nun einen ebenso simplen wie genialen Vorschlag, der unsere ganze weitere Arbeit maßgeblich beeinflussen sollte. Er meinte: »Warum wollen Sie unbedingt am oberen Ende des Seils drehen, drehen Sie doch am unteren!« – und erläuterte sogleich, was er damit sagen wollte. Im Falle der eingangs beschriebenen Beobachtungen an Mensch und Tier hatte sich das jeweilige Objekt freiwillig und aktiv, also selbsttätig bewegt und für eine Richtung entschieden. Wir konnten aber auch lebende Systeme auf gegenläufig rotierende Scheiben setzen und so gewissermaßen Karussell fahren lassen, das heißt passiv bewegen und anschließend ihre Reaktionen messen. Von da ab wurde Dr. Ritschel ständiger Mitarbeiter unseres Teams.

Als erstes einigten wir uns über die Drehgeschwindigkeiten. Wir wollten sie so wählen, daß Fliehkräfte weitgehend ausgeschlossen waren. Danach machten wir uns auf die Suche nach geeigneter Technik. Der Verkäufer des Plattenspielergeschäfts, das wir zu diesem Zweck betraten, behandelte uns außerordentlich zuvorkommend, wurde aber, als er sah, daß er selbst mit den neuesten Stereomodellen keinerlei Eindruck auf uns machen konnte, zunehmend melancholischer. (Wir hatten eine ungefähre Vorstellung von dem, was wir wollten und legten Wert auf starke, preiswerte Motoren in robuster Verarbeitung.) Nach halbstündigem, ergebnislosem Handeln entsann sich der Ärmste noch einiger sperriger Ladenhüter, die seit gut zwei Jahrzehnten in den Kellerräumen lagerten. Er schleppte sie heran, unsere Augen begannen zu funkeln. Wir einigten uns mit dem kopfschüttelnden Verkäufer, der ganz offenbar die Welt nicht mehr verstand, über den Preis und zogen beglückt mit unseren Schätzen von dannen.

Im Institut montierten wir die Motoren an Getriebe, deren Achsen etwa mit einer Umdrehung pro Minute rotierten. Auf den Achsen wurden Scheiben befestigt, die das Untersuchungsgut aufnehmen konnten. Bei der Versuchsplanung mußte auch entschieden werden, welches Kriterium wir berücksichtigen wollten, denn ein möglicher Unterschied zwischen den rechts- und linkslaufenden Tellern sollte ja objektiv meßbar sein. Wir wählten das Pflanzenwachstum. Sodann füllten wir Erde derselben Sorte in drei Schalen, stellten eine auf den linken, die zweite auf den rechten Teller und ließen die dritte auf dem Tisch stehen. Dabei wurde streng darauf geachtet, daß alle anderen Faktoren wie Temperatur, Erschütterung und Lichteinfall unverändert blieben. In jede Schale brachten wir nun in gleicher Tiefe je zehn Bohnensamen ein, schalteten die Motoren an, und das Experiment begann. Das Geschehen wurde täglich kontrolliert und gemessen. Die Ergebnisse waren derart verblüffend, daß wir zunächst an einen Zufall dachten und uns erst allmählich entschließen konnten, unseren eigenen Beobachtungen Glauben zu schenken. Während nach drei Tagen noch kein großer Unterschied zu bemerken war, konnte man am siebenten Tag eine deutliche Differenz zwischen dem Wachstum auf der linken und der rechten Schale feststellen.

Die Sprosse in der linksgedrehten Schale hatten ein durchschnittliches Längenwachstum von 15 cm, die in der rechtsgedrehten Schale eines von 25 cm. Das mittlere Wachstum der Schale in Ruheposition betrug 11 cm. Wir wiederholten dieselben Versuche mit Radieschensamen und kamen zu einem ähnlichen Ergebnis, und zwar selbst dann, wenn wir die Samen in der Keimphase mit Aluminiumfolie abdeckten.

Nun konnte die Drehbewegung auf das Gesamtsystem Pflanze oder auf eines ihrer Elemente, zum Beispiel die Zellen, gewirkt haben. Es bestand aber auch die Möglichkeit, daß die Differenz nur durch unterschiedliche Einwirkung von Bodenbakterien zustande gekommen war. Um den Einfluß von Bodenbakterien auszuschließen, wiederholten wir die Keimversuche auf wassergetränktem Filterpapier. Die Resultate blieben die gleichen. Nunmehr stand die Frage, ob die isolierte Zelle auf unterschiedliche Drehung reagiert. Da wir über keine Pflanzenzellkulturen verfügten, führten wir die nächsten Experimente mit Säugetierzellen durch. Zur Verfügung standen uns Bouillonlösungen, wie sie in der Mikrobiologie zur Anzüchtung von Viren benutzt werden. So beimpften wir drei Flaschen zu je 100 ml Nährmedium mit menschlichen Amnionzellen. Die Bebrütung erfolgte bei 33 bis 37 Grad Celsius. Genau eine Woche später entnahmen wir die Zellen und prüften die Anzahl der Kerne. Die Kernteilung geht bekanntlich der Zellteilung voraus und ist mithin ein Wachstumskriterium. Wir zählten die Kerne in je zehn Präparaten pro Flasche aus, bildeten den Mittelwert und kamen bei der linksgedrehten Probe auf durchschnittlich 81 und bei der rechtsgedrehten Probe auf durchschnittlich 165 Kerne. Der Durchschnittswert der Ruheprobe lag bei 65 Kernen. Ebenso wie bei den Pflanzenversuchen, war also ein deutlich schnelleres Wachstum auf der rechten Scheibe festzustellen.

Obwohl die Resultate unsere Erwartungen bei weitem übertrafen, blieben sie für mich zunächst in einer Hinsicht unbefriedigend. Ich war ja davon ausgegangen, daß gerade die linksbetonte Bewegung dem Organismus »entgegenkommt«. Die Untersuchungsergebnisse hingegen belegten eine Wachstumsbeschleunigung durch Rechtsdrehung. Im Verlaufe weiterer Experimente gelangten wir zu der Hypothese, daß man, nach dem Prinzip Actio = Reactio, organische Substanzen offenbar durch die ihrer Chiralität (Händigkeit) entgegengesetzte Kreisbewegung zu stärkerem Wachstum anregen kann, die von Natur aus linksspiralig wachsenden Bohnenkeimlinge also durch Rechtsdrehung. Aus Gründen über die noch zu sprechen sein wird, weisen selbst solche Substanzen wie Hefepilze oder menschliche Körperzellen ein geringes chirales Verhalten auf, das ausreicht, um sie durch Rechts- und Linksdrehung in ihrem Wachstum zu fördern bzw. zu hemmen.

Keimlinge und junge Sproßteile zeichnen sich durch ungleichmäßiges Seitenwachstum aus. Diese Wachstumsschübe führen zu einer Krümmungs- oder Pendelbewegung der gesamten Pflanze. Die Spitze einer keimenden Küchenzwiebel kann dabei sogar den Boden berühren. Dieses Pendeln wird mitunter zur ausgeprägten Kreisbewegung, zur Drehung um die eigene Achse, so zum Beispiel bei jungen Kletterbohnen (Abb. 33). Ein Vergleich der Blattstellungen von Keimlingen mit denen vollständig entwickelter Pflanzen gibt Anlaß zur Vermutung, daß eine solche spiralige Entwicklung für die Mehrzahl der Pflanzen in unterschiedlichen Wachstumsphasen typisch ist. Häufig begegnet uns der Fall, daß sich die Blätter von zwei anfänglich übereinanderstehenden Blattreihen immer stärker und anscheinend völlig regellos durchmischen um – wie die Zweige zahlloser Laubbäume – später erneut ein zweizeiliges Bild zu ergeben. Gründe dafür liegen wahrscheinlich im Streben nach maximaler Lichtausnutzung und einer größtmöglichen Stabilität des heranwachsenden Pflanzenkörpers.

Die eben erwähnte Durchmischung und scheinbare Regellosigkeit der Blattstellungen stellt sich bei näherer Betrachtung oft als überraschend schraubig heraus. Wenn man die Ansatzstellen der Blätter durch eine gedachte Linie verbindet, erhält man die sogenannte Grundschraube (Abb. 34, 35). (Selbst bei kreuzständigen Blättern liegt meist ein Blattpaar geringfügig über dem anderen, so daß sich zwei Verbindungslinien oder eine Doppelschraube ergeben.) Auch die sich entfaltenden Blütenblätter und Staubgefäße sind zumeist in einem bestimmten Richtungssinn angeordnet. Dabei spricht man von Linksdrehung, wenn der jeweils linke Rand eines Kronen- bzw. Kelchblattes den rechten Rand des links anschließenden überdeckt (Abb. 36). Im umgekehrten Fall haben wir es mit Rechtsdrehung zu tun. (Bei Grenzfällen, beispielsweise vier Blütenblätter zyklisch, das fünfte außenliegend, wird von der Richtungstendenz ausgegangen.) Adäquate Untersuchungen lassen sich auch an Fruchtständen wie Ananas, Sonnenblume, Kiefernzapfen und ähnlichem durchführen. Nach den überaus spärlichen vorliegenden Ergebnissen scheint sich die Drehrichtung der Grund- bzw. Blütenspirale einer Pflanze eher zufällig, mitunter sogar unbeeinflußt von der des jeweiligen Elternpaares zu ergeben (Y. Imai). Eine Bevorzugung von Rechts bzw. Links konnte, jedenfalls bislang, in den meist sehr sporadischen Studien kaum nachgewiesen werden. Aber auch hier bestätigen Ausnahmen die Regel. So stellte schon Compton bei seinen Untersuchungen der Rechts- bzw. Linksfaltigkeit von 12 401 Gerstenkeimlingen ein Überwiegen der linksgefalteten Individuen im Verhältnis von etwa 3 : 2 fest, das sich auch in den Folgegenerationen, und zwar unabhängig vom jeweiligen Elternpaar, wiederholte.

Die bislang über die Entstehung der Grundschraube gewonnenen Erkenntnisse besagen, daß jede in Entwicklung befindliche Blattanlage die gleichzeitige Ausbildung weiterer Blattanlagen in ihrer Nachbarschaft behindert. Das stärkste derartige Störfeld geht von der Sproßspitze selbst aus. Wird diese zerstört, rücken die anderen Blattanlagen weiter an die Spitze vor und insgesamt näher zusammen (Abb. 37). Die genauen Wechselwirkungen dieser merkwürdigen Wachstumsfelder sind noch weitgehend ungeklärt. Geht man jedoch von kreisrunden, genauer, kugelförmigen Entwicklungsfeldern der Blattansätze aus, wird die Windungsrichtung der späteren Grundschraube vom zweiten Ansatz an vorgegeben. P. Richter und R. Schranner wiesen 1978 mit eingehenden Berechnungen nach, daß die Anordnung der Blattanlagen sich in Abhängigkeit von Umfang und Dauer dieser Störfelder nach dem goldenen Schnitt ergibt. Für die ausschlagge-

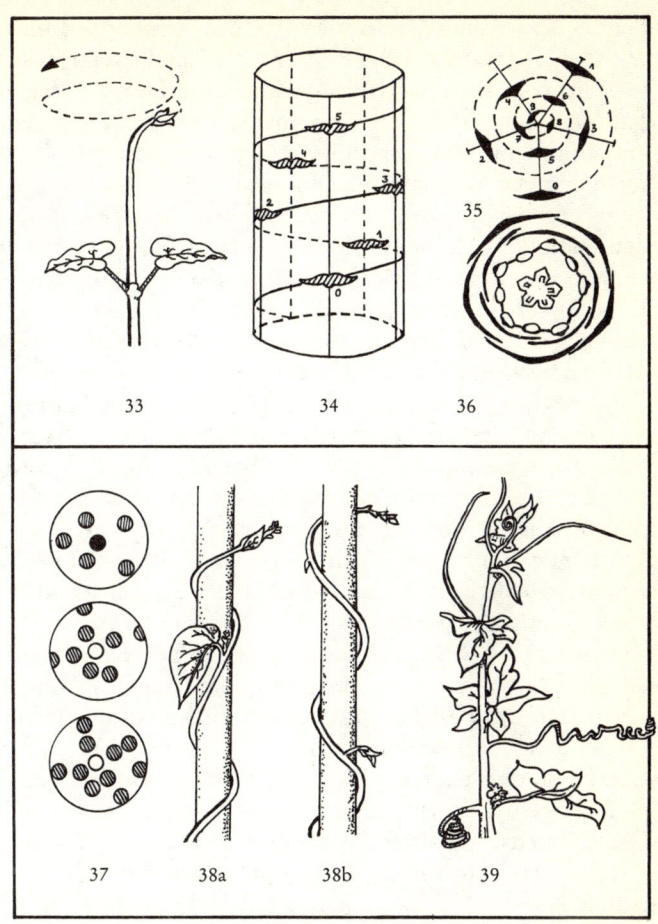

Abb. 33 Kreisende Wachstumsbewegung einer jungen Bohnenpflanze (Phaseolus multiflorus); 34 Schematisierte Darstellung einer schraubigen Blattstellung; 35 wie 34, in der Draufsicht (nach Dalitzsch); 36 Blütendiagramm vom Waldsauerklee (Oxalis acetosella pratense); 37 von oben nach unten: schraubiger Blattansatz einer zerstreut beblätterten Pflanze, nach Zerstörung der Sproßspitze rücken die neuen Blattanlagen näher an die Spitze heran; 38a) Linkswinder b) Rechtswinder (nach Noll); 39 Rankengewächs (Bryonia dioica) (nach Schumacher)

89

bende Abweichung, also die zwischen dem ersten und zweiten Blattansatz, wurde bislang der Zufall, weniger in Gestalt von Erbanlagen als vielmehr in Form äußerer Faktoren, verantwortlich gemacht. So darf man durchaus gespannt sein, was hier zahlenmäßig repräsentative Untersuchungen an Pflanzenkeimlingen in Ruhe und Bewegung ergeben werden. Versuche, die in diese Richtung deuteten, wurden bereits in den siebziger Jahren in Neuseeland durchgeführt. Dabei knüpfte man an L. Pasteurs Experimente mit der Auswirkung von gespiegeltem Sonnenlicht auf Keimlinge an und bewegte Topfpflanzen so, daß sie sich einmal mit und einmal gegen die scheinbare Bahn der Sonne drehten. Allerdings wurden die Pflanzen dabei nur über einen Zeitraum von 24 Stunden beobachtet. Die Resultate – gegen die Sonnenbahn gedrehte Pflanzen ließen ihre Blätter hängen – waren zwar überraschend, aber vergleichsweise bescheiden.

Auch bei Bäumen ist ein artspezifisch gerichteter Drehwuchs, der sich mitunter selbst in der Rindenstruktur abzeichnet, seit langem bekannt und wird von der holzverarbeitenden Industrie unter anderem bei den Lagerzeiten der Stämme berücksichtigt, um einem späteren Verwerfen der Balken vorzubeugen. Einen ausgeprägten Drehwuchs besitzen Kiefern und Fichten, aber auch Eberesche und Kastanie. Bei Birken und Pyramidenpappeln hingegen ist er nur sehr schwach wahrzunehmen. Diese Wuchsform ist weit verbreitet (Braun wies ihn an 111 von 167 Holzarten nach) und entsteht durch eine einseitige Verschiebung der neu gebildeten langen, spitzen Holzfasern.

Die Drehrichtung selbst scheint auch von Alter und Vorkommen der Bäume bestimmt zu werden. So weisen die Lebensbäume und ihre Verwandten alle eine Linksdrehung, die Tannengewächse hingegen anfänglich eine Rechtsdrehung auf, die sich allerdings in späteren Lebensjahren legt. Mitunter wechselt die Drehrichtung, wie bei der Kastanie, sogar am selben Stamm. Da der Drehwuchs besonders an einzelstehenden, stark dem Wind ausgesetzten Bäumen zu beobachten ist, wird angenommen, daß er entweder durch die bevorzugte Windrichtung direkt hervorgerufen wird oder aber ihr entgegenwirken soll, um dem Baum eine höhere Stabilität zu verleihen.

Die wohl eindrucksvollste Form einer Rechts- bzw. Linksbewegung im Pflanzenreich begegnet uns bei den Windepflanzen. Die innige Umschlingung zweier gegenläufig gewundener Pflanzen, der Ackerwinde und des Geißblatts, inspirierte Shakespeare in ›Ein Sommernachtstraum‹ zu dem leidenschaftlichen Vers der Titania

»Schlaf – und ich will dich mit meinen Armen umfassen –
wie die Winde das süße Geißblatt umschlingt ...«

Die Wachstumsbewegungen der Winden gehen, ähnlich wie die Krümmungen der Keimpflanzen und junger Sproßteile, auf ein unterschiedlich ausgeprägtes Außenwachstum zurück. Allerdings erfolgen die Wachstumsschübe hier nicht abwechselnd und beidseitig, sondern nur auf einer Seite, das Pendeln wird zu einer langsamen Kreisbewegung, deren Durchmesser beträchtlich sein kann, beim Hopfen beispielsweise bis zu 50 cm. Bei der überwiegenden Mehrheit der Windepflanzen kreist die Sproßspitze, von oben gesehen, entgegen dem Uhrzeigersinn – so erhielten sie die Bezeichnung Linkswinder (Abb. 38 a).

Nur wenige Pflanzen, zum Beispiel Geißblatt und Hopfen, sind Rechtswinder (Abb. 38 b). Bei einigen Arten, beispielsweise dem Windenknöterich, kann die Drehrichtung wechseln, zuweilen geschieht dies sogar, wie bei einigen Lilienarten (Bowiea), an derselben Sproßachse. Des weiteren neigen Schlingpflanzen dazu, auch ihren Stengelquerschnitt in die Windungsrichtung zu verdrehen, zuweilen verdrillen sich mehrere Stränge ineinander. Das Geißblatt neigt zur Ausbildung doppelter, die Trompetenblume gar dreifacher Stränge, die in sich rechts- bzw. linksgewunden sind. Da Windepflanzen besonders reich an einer bestimmten Wuchsstoffgruppe, den Gibberellinen, sind, wurden diese bald mit der Kreisbewegung der Sprosse in Verbindung gebracht, und tatsächlich gelang es, auch nichtwindende Spezies durch Gibberelline zum Winden zu bringen. Der Einfluß dieser Wuchsstoffe ist derart stark, daß um einen Stab gewundene Schlingpflanzen, die zu mehreren Umgängen in die entgegengesetzte Richtung aufgewickelt werden, manchmal über Nacht in ihren Ausgangszustand zurückkehren. Nebenbei bemerkt enthalten die windenden Teile einen hohen Anteil Flavone, eine auch in Rankengewächsen vorhandene Glycoside. Auch Ranken vollführen bekanntlich selbsttätige Bewegungen, die zum mehrfachen Umwickeln einer ergriffenen Stütze führen. Um Torsionen zu vermeiden, wechseln dabei links- und rechtsgängige Windungen einander ab. Findet sich kein solcher Halt, kommt es zur sogenannten Alterseinrollung (Abb. 39).

Die Windegewächse weisen jedoch nicht nur die auffälligsten Rechts-Links-Asymmetrien im Pflanzenreich auf, sie sind auch eine ansonsten recht geheimnisvolle Pflanzengruppe. Durch ihre seltene Leitbündelausbildung stehen sie den Nachtschattengewächsen nahe, mit denen sie auch chemisch einiges verbindet. Sie sondern ein Sekret komplexer zuckerhaltiger Verbindungen, sogenannter Glykoretine, ab, die ausschließlich bei den Windegewächsen vorkommen. Weiterhin weisen sie als einzige höhere Pflanzenfamilie Derivate der Lysergsäure (Mutterkornalkaloide) auf, Verbindungen, die strukturell dem LSD nahestehen und wie dieses von stark halluzinogener Wirkung sind. So verwandten die Atzteken Ololiuqui, eine Droge aus einer mittel- und südamerikanischen Liane (Rivea corymbosa), um sich bei ihren rituellen Tänzen in Trancezustände zu versetzen und Krankheiten zu heilen. Dieses Rauschmittel genoß bei ihnen noch größere Wertschätzung als das Meskalin des bekannten Peyotl-Kaktus. Ähnliche Anwendung fand und findet bis heute eine Prunkwindenart (Ipomoea violacea). In den USA setzte nach Bekanntwerden der botanischen Zugehörigkeit dieser Drogenpflanzen ein schwungvoller Handel mit Zierwinden-Samen ein, deren Mißbrauch zu schweren gesundheitlichen Schädigungen und mehreren Todesfällen führte. Aus einigen dem Peyotl-Kaktus nahe verwandten mexikanischen Kakteenarten wird übrigens auch die in der Natur überaus seltene L-Glucose – also ein linksdrehender Zucker! – gewonnen.

Wir schlossen unsere Pflanzenversuche vorläufig ab und überlegten, wie wir die gewonnenen Resultate nutzbar machen könnten. Herr Dr. Ritschel schlug vor, zum Patentamt zu gehen. Allerdings hatten wir beide keine blasse Ahnung, wie so ein Patentverfahren eingeleitet werden müßte. Unser Klinikum besaß ein Büro für Neuererwesen, eine jener zahlreichen Institutionen, die mit dem löblichen Ziel der Erleichterung und Rationalisierung von Produktionsprozessen gegründet worden waren und sich später oftmals zu einer zusätzlichen Plage bei der täglichen Arbeit verselbständigten. Ich selbst hatte allerdings mehr gute als schlechte Erfahrungen mit unserem Neuererbüro gemacht und wandte mich daher an den dort angestellten Patentingenieur, Herrn Zühlsdorf. Nach seiner Anweisung formulierten wir zunächst einen vorschriftsmäßigen Antrag für ein »Verfahren zur Beeinflussung räumlich orientierter Materiebausteine«. Danach recherchierte er für uns im Patentamt, ob es bereits etwas Ähnliches in den Akten gäbe. Da er keinerlei Hinweis auf bereits existierende Verfahren fand, die dem unseren in Anliegen oder Ausführung entsprachen, schickten wir unseren Antrag ab. Der Brief ging am 15. 12. 1977 im Patentamt ein und wurde schriftlich quittiert. Danach trat zunächst einmal Stille ein. Vier Wochen später, am 19. Januar, wir waren im Institut gerade mit Laborarbeiten beschäftigt, suchte uns die Chefsekretärin auf, um mitzuteilen, daß uns zwei Herren zu sprechen wünschten. Ins Zimmer gebeten, stellten sie sich als Mitarbeiter des Patentamtes vor, zeigten ihre Klappausweise und nannten ihre Namen – Pobel und Theisen. Der Ältere von ihnen zog unsere Patentanmeldung aus der Aktentasche und erkundigte sich, wer alles von diesem Dokument Kenntnis hätte. Das waren Dr. Ritschel und sein Vorgesetzter Dr. Retter, die Labormedizinerin Frau Beltzner, unsere Laborantin Frau Zschieschang und ich. Daraufhin bat Herr Pobel um eine Schreibmaschine, spannte einen Bogen mit mehreren Durchschlägen ein und tippte folgenden kurzen Text:

»Anknüpfend an die entsprechende Patentmeldung über die Problematik der Rechts-Links-Beziehungen wurde im Beisein von ChA Dr. Wachtel, Dr. Ritschel, Dipl. Med. Beltzner, Dipl. Chem. Pobel und Dr. Theisen gesprochen. Die Teilnehmer verpflichten sich, die erhaltenen Informationen vertraulich zu behandeln.

Der informierte Personenkreis wurde darauf hingewiesen, daß mit sofortiger Wirkung jegliche Informationen schriftlicher und mündlicher Art über den Erfindungsgegenstand an Dritte bis auf Widerruf unterbleiben.

Zu allen Fragen ist die Hauptabteilung I des Amtes für Erfindungs- und Patentwesen der DDR, 108 Berlin, Mohrenstraße 37 b, Tel.: 2274773 zu konsultieren.«

Wir wurden nachdrücklich aufgefordert, zu unterschreiben. Anschließend bekam jeder einen Durchschlag ausgehändigt. Als wir nach unseren Protokollen gefragt wurden, bemerkte ich beiläufig, daß wir die Ergebnisse auch im Kopf hätten. Herr Pobel knurrte: »Wir haben auch Methoden, die wieder aus ihrem Kopf herauszubringen«, woraufhin er von seinem Partner, Dr. Theisen, scharf zurechtgewiesen wurde. Ohne weitere Erklärungen verabschiedeten sich beide Herren. Wir sahen uns eine Weile verblüfft an und beschlossen dann, der Sache nachzugehen.

Gleich am nächsten Tag riefen wir das Patentamt an. Es stellte sich heraus, daß unsere Besucher tatsächlich dort beschäftigt waren, nur konnten wir uns nach wie vor keinen Reim auf ihre seltsame Aktion machen. Deutlich war nur eines: Aus irgendwelchen völlig unerfindlichen Gründen wollte man unsere Experimente geheimhalten.

Noch mysteriöser wurde es, als ich wenig später auf offener Straße von einem Fremden angesprochen wurde. Der Mann stellte sich als Mitarbeiter der Staatssicherheit vor und fragte, ob er sich an einem der nächsten Tage kurz mit mir unterhalten könne. Das wollte ich ihm schon aus Neugier nicht verwehren. Er gab mir also eine Adresse im Stadtbezirk Prenzlauer Berg und ich notierte das Datum und die Uhrzeit unserer Zusammenkunft. Nach dem unbegreiflichen Verhalten des Patentamtes erhoffte ich mir nun Aufklärung und fuhr am vorgesehenen Tag voller Spannung zum geplanten Treffpunkt. Als die Tür zur konspirativen Wohnung geöffnet wurde, sah ich mich, außer dem mir bereits bekannten Mann, noch einem weiteren gegenüber. Beide waren ausgesprochen höflich und kamen sehr bald auf den eigentlichen Zweck ihrer Einladung zu sprechen. Mein flüchtiger Bekannter – die Namen, unter denen er und sein Kollege sich vorgestellt hatten, klangen austauschbar – steuerte schnurstracks auf sein Ziel: »Herr Wachtel, wie kommt ihr Name zu Siemens?« Diese Frage vermochte ich ihm auch nicht zu beantworten, verwies aber darauf, daß Herr Heimlich und ich bei den Recherchen für unseren Dokumentarfilm zahlreiche Institute aufgesucht hätten und infolgedessen ein großer Personenkreis mit der Problematik vertraut sein müßte. Das Interesse des Sicherheitsmannes bezog sich jedoch vor allem auf unsere Patentanmeldung, über deren Inhalt er, allem Anschein nach, nur sehr oberflächlich informiert war. Wie er im folgenden mitteilte, habe die Spionageabwehr Hinweise erhalten, daß sich der amerikanische Geheimdienst für unsere Untersuchungen interessiere. Sie, also die DDR-Sicherheitskräfte, wüßten noch nicht, was die CIA im einzelnen plane, wollten mich jedoch vor möglichen Unannehmlichkeiten bewahren. Da ich nicht geschult wäre, einen gegnerischen Zuträger folglich kaum als solchen erkennen würde, wäre es für mich das Beste, wenn ich ihnen unverzüglich Meldung machte, sobald eine neue Person in meinem Gesichtskreis auftauche. Gegen diesen Vorschlag hatte ich im Grunde nichts einzuwenden. Doch meine verbale Zusage genügte ihnen wohl nicht. Die beiden Staatssicherheitsbeamten bestanden auf einer schriftlichen Bestätigung unserer Übereinkunft. Diese wurde mir diktiert. Sie enthielt einen Passus, daß bei Verletzung der Absprache eine Freiheitsstrafe drohe. Ich verabschiedete mich mit der Zusage, sie über »gelegentliche fremde Annäherungen« zu unterrichten. Der neuhinzugekommene zweite Mann erklärte, daß er Kontakt zu mir halten würde. So trafen wir uns in größeren Abständen, ohne daß sich etwas Neues ergab.

Kurz nach dieser Zusammenkunft erhielten Dr. Ritschel und ich einen Anruf von Herrn Zühlsdorf, unserem Patentbeauftragten, in dem dieser um eine rasche Rücksprache bei uns bat. Bei seinem Erscheinen machte er einen völlig aufgelösten Eindruck und stammelte: »Was haben Sie bloß angestellt? Was denken Sie, was bei mir los ist!«. Seinem verworrenen Bericht nach waren zunächst bei ihm zu Hause und danach im Büro mehrere sportlich aussehende junge Männer aufgetaucht, hätten nach unserem Patent gesucht, dabei alles auf den Kopf gestellt und sämtliche Unterlagen, die mit dem Linksphänomen im Zusammenhang stehen konnten, mitgenommen. Trotz wiederholten Drängens, war keinerlei Erklärung abgegeben worden.

Die Geschichte wurde zunehmend unheimlicher und fing an, uns zu beunruhigen. Wir holten uns einen Stapel Gesetzblätter aus der Rechtsabteilung und belasen uns im Patentrecht. Dabei stellten wir fest, daß es auch sogenannte Geheimpatente gab, die sich auf brisante Themen im Wirtschafts- oder Militärbereich bezogen. Hier vermuteten wir die Erklärung.

Nach einem erneuten Anruf beim Patentamt gewährte man uns schließlich einen Besuchstermin. Wir sollten uns beim Pförtner melden und nach Herrn Pobel von der Hauptabteilung 1 fragen. Wir fuhren also zur Mohrenstraße, meldeten uns wie vorgesehen an und ließen unsere Personalien aufnehmen. Herr Pobel wurde telephonisch von unserer Ankunft unterrichtet und erschien kurze Zeit später, um uns in Empfang zu nehmen. Er führte uns über einen engen Hinterhof in ein Seitengebäude. Schließlich standen wir vor einer verschlossenen Stahltür, neben der sich ein Nummerntastenfeld befand. Nachdem Herr Pobel für uns unsichtbar mehrere Knöpfe gedrückt hatte, sprang die Tür mit leisem Summen auf. Gemeinsam kamen wir in einen Korridor, an dessen Wänden große Fotografien von Radargeräten, Schiffskanonen, Panzern und Flakgeschützen hingen. In einer Glasvitrine waren Wimpel, Ehrenmedaillen und Urkunden ausgestellt. Wir wurden in ein verdunkeltes Zimmer geleitet und nachdem Herr Pobel den uns gleichfalls schon bekannten Herrn Dr. Theisen hinzugeholt hatte, erkundigte man sich nach unseren Wünschen.

Wir sagten, daß wir ganz gerne wissen würden, was es mit den gehäuften Seltsamkeiten der letzten Tage auf sich habe. Die Nutzung unserer Erkenntnisse hätten wir uns anders vorgestellt. Daraufhin erklärte man, daß unsere Patentanmeldung in der Tat mit einer hohen Geheimhaltungsstufe belegt worden sei. Leider wären sie aber nicht befugt, uns über diesen Fakt Hinausgehendes mitzuteilen. Wir beide, Dr. Ritschel und ich, seien fortan – auch im eigenen Interesse – verpflichtet, sämtliche Gedanken und neuauftauchenden Aspekte unserer Forschungsarbeit umgehend an die Hauptabteilung 1 des Patentamtes weiterzuleiten. Zunächst sollten wir noch einmal ausführlich darlegen, womit wir uns beschäftigt hatten, welche wissenschaftliche Bedeutung wir der Entdeckung beimaßen und welche praktischen Anwendungsmöglichkeiten wir sahen. Unsere Zuhörer machten sich eifrig Notizen und entließen uns mit den schon vertrauten Worten, wir hätten uns für neuerliche Zusammenkünfte zur Verfügung zu halten.

In den darauffolgenden Wochen hatten wir mehrfach beim Patentamt vorzusprechen und gaben alle unsere Gedanken zum Linksphänomen sukzessive zu Protokoll. Diese Treffen gestalteten sich zunehmend unerfreulicher, denn pro Sitzung sprang mindestens einer der beiden Herren ein- bis zweimal auf und schrie mit einem Blick auf seine Aufzeichnungen, daß wir das, was wir gerade retrospektiv erwähnten, vorher noch nie erzählt hätten und wahrscheinlich überhaupt permanent etwas ver-

schweigen würden. Diese nervösen Ausbrüche wurden allmählich häufiger und mündeten schließlich in dem Ultima-
tum, daß wir entweder sofort alles, was wir zum Thema
wüßten, freiwillig zu Papier brächten oder man Mittel und
Wege finden würde, um mit weit weniger Feingefühl zum
gleichen Ergebnis zu kommen. Dr. Ritschel und ich sahen
uns erschrocken an und stellten übereinstimmend fest, daß
wir uns unter diesen Umständen lieber für die erste der
beiden Varianten entscheiden würden. Für die darauffol-
gende Woche wurde uns im Patentamt eine Sekretärin und
ein separater Raum zur Verfügung gestellt, und wir begann-
nen alles, was uns zum Linksphänomen in den Sinn kam, in
mehr oder weniger geordneter Form zu diktieren. Uns war
durchaus klar, daß dies höchstwahrscheinlich das Ende unserer Arbeit bedeutete, da unsere Untersuchungsergebnisse nun auf Nimmerwiedersehen verschwinden würden.

In gleicher Weise, wie uns untersagt worden war, über
das Thema zu sprechen oder zu schreiben, konnte uns ja
auch bedeutet werden, sämtliche weiteren Untersuchungen
einzustellen. Andererseits wollten wir von dem Thema nicht
lassen und hatten bereits weitere Expertengespräche ange-
bahnt. Es mußte ein Ausweg gefunden werden. Bei unseren
Studien im DDR-Patentrecht waren wir auf die Klausel gestoßen, daß wichtige naturwissenschaftliche Patente unter
Wahrung der entsprechenden Gepflogenheiten als Ausgangspunkt für eine Promotion dienen bzw. mit einer solchen verbunden werden konnten. Das wiederum bedeutete
beschränkte Öffentlichkeit, da im Zuge eines Promotions-
verfahrens weitere Wissenschaftler in die Diskussion einbe-
zogen werden müßten und ein Meinungsaustausch möglich
wurde. Wir fragten also im Patentamt an, ob man mit einer
derartigen Regelung einverstanden wäre. Herr Pobel und
Herr Dr. Theisen hatten im Prinzip nichts dagegen und so
trug das von Dr. Ritschel und mir in wenigen Tagen verfer-
tigte Elaborat den klangvollen Titel:

Das Linksphänomen als Gesetzmäßigkeit
der Links-Rechts-Beziehungen in der Natur.

vorgelegt
zur Erlangung der Promotion B
des Wissenschaftszweiges Biophysik
an der Akademie der Wissenschaften der DDR

(Auf der zweiten Seite dankten wir unserer Laborantin Frau
Zschieschang, Frau Beltzner, den Herren Retter, Krüger und
Heimlich für ihre Zuarbeiten und Gedankenanstöße.)

Als die Arbeit am 8. März 1978 fertiggestellt war, wurde
sie mit Photos, Zeichnungen und Diagrammen komplettiert,
bekam den Eingangsstempel des Sekretariats der Hauptabteilung 1 und eine Registriernummer des Patentamtes.
Sämtliche Exemplare und Blaupapierbögen wurden von
Herrn Pobel und Dr. Theisen eingesammelt und verblieben
in der Abteilung. Wir durften nichts mitnehmen und gingen,
wie wir gekommen waren.

Trotzdem war es uns gelungen, mit dem Patentamt eine
Art Agreement zu treffen. Die Herren Pobel und Theisen
sollten sich um die Bearbeitung unserer »Promotions-
schrift« und die Patentanmeldung kümmern und nach in
Frage kommenden Anwendern suchen. Wir wollten uns
dafür nach weiteren Nutzungsmöglichkeiten umsehen und
versicherten, die Hauptabteilung 1 auf dem laufenden zu
halten.

Auf unserer Suche nach neuen Anwendungsmöglichkeiten gingen wir die vielfältigsten und ungewöhnlichsten Wege, von denen sich manche auch als Irrwege erwiesen. So
glaubten wir zum Beispiel eine Zeitlang, durch die Drehung
chemischer Lösungen Links- bzw. Rechtsformen optischer
Isomere erzeugen oder doch zumindest konzentrieren zu
können. (Uns war aufgefallen, daß mehrere Marienkäfer
nur zu dem eingedickten Zucker der auf unserer Versuchs-
anlage linksherum gedrehten Lösung liefen.) So verwundert
es nicht, daß bei den Gesprächen mit den vom Patentamt

benannten Partnern mitunter keine Übereinstimmung erzielt wurde.

Als wir gerade dabei waren, unsere neuen Überlegungen und Ergebnisse zu systematisieren, wurde ich telephonisch erneut zu einem Gespräch mit der Staatssicherheit geladen. Es verlief im großen und ganzen belanglos, bis auf die Tatsache, daß ich aufgefordert wurde, zum nächsten Treffen eine handschriftliche Zusammenfassung über unser Thema anzufertigen, angeblich für einen wissenschaftsinteressierten Vorgesetzten. Da ich bereits vom Patentamt zur Geheimhaltung verpflichtet worden war, nahm ich diese Bitte nicht sonderlich ernst. Als sie jedoch beim nächsten Treffen wiederholt und noch dazu als ausgesprochen dringlich bezeichnet wurde, berichtete ich Dr. Ritschel davon. Im Patentamt sollte ich auf eine entsprechende Frage erfahren, daß wir nicht einmal »dem Staatsratsvorsitzenden persönlich« über unser laufendes Patentverfahren berichten dürften. Was also tun? Von beiden Institutionen war mir bedeutet worden, über unsere Entdeckung Stillschweigen zu bewahren. Gab ich der Staatssicherheit die gewünschten Aufzeichnungen, konnte ich vom Patentamt belangt werden, gab ich sie nicht, war womöglich mit Repressalien zu rechnen. Außerdem wußte mein Kollege zu berichten, daß man mißliebigen Forschern schon aus weit geringeren Gründen, als der nachweisbaren Verletzung des Geheimnisschutzes, einen prächtigen Strick gedreht hatte.

Wir gingen also an einem der nächsten Tage gemeinsam zum Patentamt. Dort berichtete ich Herrn Pobel von der Aufforderung seitens der Staatssicherheit und bat ihn, meine Kontaktpersonen überprüfen zu lassen. Dazu gab ich ihm Termin und Uhrzeit der nächsten geplanten Zusammenkunft. Herr Pobel rannte erregt hinaus und erschien erst nach Ablauf einer Stunde wieder im Zimmer. Er bedeutete mir mit knappem Kopfnicken, aber sichtlich verärgert, daß die Sache schon ihre Richtigkeit habe. Zufrieden verließen Dr. Ritschel und ich das Patentamt.

Mein nächstes Treffen mit der Staatssicherheit war dann auch das letzte. Wütend wurde mir seitens der beiden Geheimdienstler vorgehalten, daß ich im Patentamt ihre Identität angezweifelt hätte. Mein Argument, daß ich mich durch die von ihnen verlangte Niederschrift gegenüber der Hauptabteilung 1 strafbar gemacht hätte, mußten sie jedoch unwidersprochen hinnehmen. Von jenem Tage an wurde ich nie wieder zu derartigen Treffs geladen.

Das Rechts-Links-Verständnis in der Kulturgeschichte

Ausgehend von der als Norm erachteten Rechtshändigkeit des Menschen wird bis in die unmittelbare Gegenwart rechts zumeist als gut, geschickt und stark apostrophiert, während links als böse, linkisch (!) und schwach gilt. Selbst im naturwissenschaftlichen Sprachgebrauch verwendet man Termini wie lotrecht und rechter Winkel, Richtung und aufrechter Gang. Abstraktere Begriffe wie gerecht, Menschenrecht und Rechtsstaatlichkeit, richtig und aufrichtig sind allgegenwärtig.

Dies beschränkt sich bei weitem nicht auf unsere deutsche Sprache. Im Russischen ist rechts (sprava) ebenso dem Recht (pravo) zur Seite gestellt wie im Französischen (droit, le droit). Sowohl die deutsche als auch die französische Etymologie des Wortes gehen auf das lateinische di/rectus zurück. Das französische Wort für Vorder- oder Oberseite (endroit), das sich ebenfalls von rechts ableitet, erinnert an entgegengesetzte deutsche Fügungen, für die wiederum links verwandt wird (zum Beispiel der links- also verkehrtherum angezogene Pullover). Mit links gebildete Negativwendungen (beispielsweise »mit dem linken Bein aufstehen«) finden im Französischen in der gaucherie (von gauche: links), für ein ungeschicktes, linkisches Benehmen, ihre Entsprechung. Adroit bedeutet im Französischen wie im Englischen geschickt. Left hingegen leitet sich von der angelsächsischen Wurzel lyft ab, die eigentlich »schwach« oder »gebrochen« bedeutet.

Die deutsche Wendung »zwei linke Hände haben« treffen wir im englischen »left-handed compliment« für eine fragwürdige Schmeichelei wieder. Das altkeltische cearr taucht im lateinischen sinister (links) wieder auf und bezeichnet dort, ebenso wie das abgeleitete italienische sinistro oder das französische sinistre, etwas Unglückliches,

Düsteres, Unheilvolles. Im Spanischen findet sich zurdo für die linke Hand und »a zurdas« bedeutet »auf dem falschen Weg sein«. Im Italienischen bezeichnet mancino nicht nur den Linkshänder sondern auch den Langfinger. Bei den Fidschi-Insulanern bedeutet sema etwa das gleich wie das lima woat der Samoaner – die linke (töricht greifende) Hand.

Viele Begriffe anderer Völker, die links mit der verdeckten (Herz-)Seite gleichsetzen, lassen auch sprachlich auf eine gewisse Berechtigung der bereits erwähnten Waffentheorie schließen. So das hebräische schmol (verhüllt, links) und das kymrische asw, aswy (Schild, links), vor allem aber die griechischen Begriffe für die linke (Schild-) und die rechte (Schwert-)Seite (ep aspida und epi dory).

Im alten Rom nahm laevus (links) je nachdem, ob sich die Augurenpriester griechischem Brauch gemäß nach Norden (zum Berg Ida, dem Sitz des Zeus) oder dem etruskischen Brauch folgend nach Süden wandten, sie die vom Osten hereinfliegenden Vogelzüge demzufolge zur Rechten oder zur Linken hatten, die Bedeutung von gut oder schlecht an. Auch das deutsche links rührt letztlich vom althochdeutschen lenka und dem altnordischen vinstri, der »günstigen Seite« für Opfer und Vogelflug her.

Die unterschiedliche Bewertung der rechten und linken Seite reicht offenbar sehr weit zurück, setzt ihrerseits aber eine bereits deutlich erkennbare Minorität von Linkshändern voraus. Die naturwissenschaftliche Seite dieser Entwicklung wurde bereits kurz berührt, hier soll es um den kulturgeschichtlichen Aspekt, die Mystifizierung und spätere Diskriminierung der linken Seite gehen.

Erste Rechts-Links-Unterscheidungen knüpfen im Grunde schon an die alte Vorstellung vom Urpaar an, die uns aus den Religionen vieler Völker vertraut ist. So verehrten die Ägypter das Götterpaar Isis und Osiris, die Inder Shiva und Vishnu, und Platon schuf mit seiner unvergänglichen Metapher von der einstigen Kugelgestalt

Abb. 40 Chinesisches Yin-Yang-Symbol; 41 Indische Isisdarstellung
(nach Desbarrolles); 42 Triquetrum (altes magisches Runensymbol)

der Menschen, die getrennt wurden und nun als Mann und Frau ihre ehemalige Hälfte suchen, um den alten Zustand der Glückseligkeit wiederzuerlangen, einen der schönsten Liebesmythen der Weltliteratur. Nebenbei bemerkt handelt es sich hier um ein unglaublich aktuell wirkendes Modell, sowohl für die Entstehung der Geschlechter als auch die Herausbildung bilateraler Lebensformen. Besonders reich an solchen Paaren ist die Religion und Philosophie des alten China. Die Geschwistergatten Fuxi und Nügua, die als Erfinder der Ehe – und des Inzest – gelten, werden oft mit verschlungenen unteren Körperhälften dargestellt; Fuxi hält in der Rechten den Winkel, Nügua in der Linken den Zirkel. Die größten Heroen Altchinas, Yu der Große und Tang der Siegreiche, lassen sich fast als Personifizierung von Links und Rechts bezeichnen. In Literatur und Kunst findet man sie als Linkshänder und Rechtshänder, zum Teil sogar auf ihre charakteristische Leibeshälfte reduziert! In ihrer Verkörperung gegensätzlicher, sich ergänzender Machtbereiche Erde und Himmel, Trockenheit und Regen, Tag und Nacht leiten sie nahtlos über zu dem wohl bekanntesten komplementären Paar: Yin und Yang. Zunächst mit einer Folge gerader und ungerader Zahlen versinnbildlicht, die ein aufgeteiltes Quadrat, das Luo Shu, umgaben, wurde es erst ab dem 10. Jahrhundert in der uns vertrauten Weise als Kreis mit zwei fischförmigen linksdrehenden Segmenten dargestellt (Abb. 40). Sie verdeutlichen die komplementäre Dialektik schlechthin, verweisen also darauf, daß keine Schönheit völlig frei von Häßlichem ist, und selbst in der größten Häßlichkeit eine Spur Schönheit verborgen liegt; daß das Leben Tod in sich birgt und der Tod über die Verwesung zu neuer Fruchtbarkeit führt; daß die Kälte oder das Dunkel nie absolut sind und sich andererseits nur aus dem Vorhandensein von Wärme und Helligkeit erklären lassen. Diese Aufzählung wäre beliebig fortzusetzen. Nach dem Sinologen M. Granet sind Yin und Yang mithin auch nicht als

Prinzipien sondern als Embleme anzusehen, die je nach Situation neu entstehen und neue Formen annehmen können: die singenden Wäscherinnen am Fluß und die Männer, die müde von der Ernte heimkehren, das Sonnenlicht auf den Zweigen der wilden Kirschbäume und der Schatten, den diese ins Moos werfen, das gischtsprühende veränderliche Meer und der harte zerklüftete Fels, der ihm Einhalt gebietet. Selbstverständlich versinnbildlichen Yin und Yang auch Unten und Oben, Erde und Himmel. Allerdings fehlte den Chinesen jeder missionarische Eifer, diese Unterscheidung etwa auf Gut und Böse, Gott und Satan oder ähnliche europäische Schwarz-Weiß-Schemata auszudehnen. Im Gegenteil, sie verstanden ihren weltumspannenden Dualismus als Grundlage eines ganzheitlichen Denkens, das sie gerade vor derartigen Dogmen bewahren konnte. Selbst Glück und Unglück wurden als sich gegenseitig umschließende Kräfte weitgehend wertfrei gedeutet! Nur so ist es zu verstehen, wenn in China die Linke als Hand des Glücks und der Ehre galt. (Vergleiche auch den 31. Spruch des Lao-tse: »Glück wohnt links, Unheil wohnt rechts; Die Truppe steht links, der Führer rechts.«) Wurde Yang als linke Seite dem männlichen Prinzip zugeordnet, so findet sich die entgegengesetzte Assoziation, Links = Weiblich, in den meisten abendländischen Kulten wieder. Vermutlich knüpfen derartige Gedankenverbindungen noch an alte Fruchtbarkeitsriten (Sonne-männlich-rechts/Erde-weiblich-links) an. So gilt den Delaware-Indianern die linke Hand als heilig, die rechte als profan, in der Bantusprache wird sie als »männliche Hand« bezeichnet. Die lybischen Ackerbauern machen ihre tiefe Verehrung der Mutter Erde deutlich, indem sie sich die linke Seite des Kopfes kahlscheren. Eine ganz ähnliche Wertzuweisung findet sich auf indischen Isisdarstellungen (Abb. 41). Hier sind der rechten Seite Symbole der Gewalt, des Unglücks und der Grausamkeit (Schwert, Halsring, eiserne Kette, Tiger) und der linken Metaphern von Liebe, Sanftmut und

Abb. 43 Tierkreis mit Sonne und Mond (Buchmalerei aus dem 10. Jh., St. Gallen)

Weisheit (Palmenzweig, Becher, Kette des menschlichen Geistes, zahmer Ochse) zugeordnet. Selbst der dem Kopf der Göttin Isis entspringende Quell der Weisheit sprudelt nach links. Bei der Prozession zu ihren Ehren wird meist eine Skulptur ihrer linken Hand – auch Hand der Gerechtigkeit (!) – vorangetragen.

Die Tendenz, Rechts als heilig, stark und männlich zu empfinden, leitet sich gewiß von der Rechtshändigkeit, zunächst aber wohl von der Sonnenanbetung her. Im heidnischen Brauchtum gilt es als Ehrerweisung, Heiligtümer oder Personen rechtsherum, also in Uhrzeigerrichtung, gemäß dem Lauf der Sonne, zu umrunden. Erinnert sei nur an die, von den deutschen Faschisten als Hakenkreuz mißbrauchte, rechtslaufende Swastika – das uralte Sonnenrad, dessen vier Ausläufer die Himmelsrichtungen symbolisieren, und an das Triquetrum (Abb. 42), ein bei vielen Völkern verbreitetes magisches Runensymbol. Die astrologischen Tierkreiszeichen hingegen sind, der Lage der Sternbilder folgend, entgegen dem Uhrzeiger, also linksherum angeordnet (Abb. 43).

Im Judentum wird die Thora in der Kabbala als »Rechts«, die mündliche Überlieferung als »Links« bezeichnet. Die Gebetsriemen sollen links getragen werden, weil links die dem Herzen näherliegende und damit gottgefälligere Seite ist. Der Baum der Sephirot, der oft als versinnbildlichte Menschendarstellung erscheint, weist Weisheit, Güte und Ewigkeit als Qualitäten der rechten, Klugheit, Strenge und Majestät als Eigenschaften der linken Körperhälfte aus (Abb. 44). Allerdings steht der jüdische Bräutigam auch links neben der Braut unter dem Traubaldachin.

Bereits im Alten Testament, verstärkt aber mit dem Aufkommen des Christentums (und des Islam), kam es mit der religiösen Mystifizierung zugleich zu einer moralischen Bewertung von Rechts und Links. So stehen die Gerechten am Jüngsten Tag an Gottes rechter Seite, die Sünder hingegen an der linken – die einen erwartet das Himmelreich, die anderen ewige Verdammnis. Von den beiden gekreuzigten Schächern kommt der zu Jesus' Rechten schließlich doch noch ins Paradies. Auf bildlichen Darstellungen gibt Gott den Segen mit seiner rechten Hand, der Teufel hingegen hantiert, ja fiedelt sogar mit der Linken; und schon Dante führte uns in stetigen Linkswendungen zur Hölle hinab. Wen wundert es da, daß man in abendländischen Kulturen selbst die Gebetshäuser durch die rechte Pforte betritt.

Die mit der entsprechenden Händigkeit einhergehende christliche Bevorzugung der rechten und Diskriminierung der linken Seite fand bald auch Eingang in das welt-

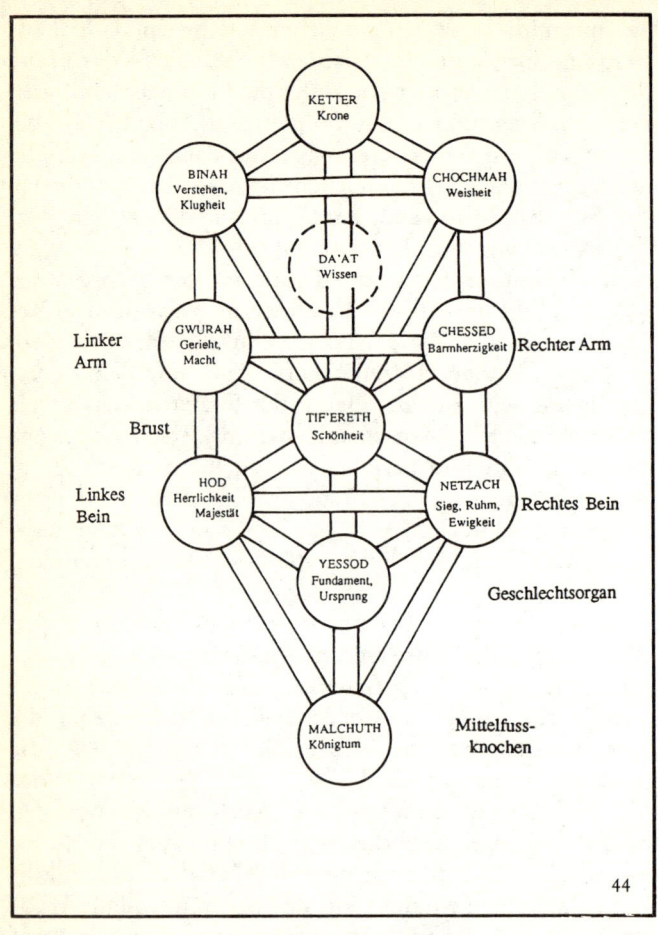

Abb. 44 Die Sefiroth (kabbalistische Charakterenergien) und ihre Beziehung zum Menschen (nach Berg)

liche Brauchtum. So wird nur die rechte Hand zum Gruß gereicht und durch die gerichtliche Vereidigungsformel als Schwurhand anerkannt, die morganatische Ehe oder »Ehe zur linken Hand« galt nur für die Nebenfrau (die damit beispielsweise des Erbfolgerechts für ihre Kinder verlustig ging), beim Servieren wird bis auf den heutigen Tag von rechts bedient.

Infolge eines linksgewandten Bewegungsablaufs, der entsprechenden Handhabung von Hammer und Meißel an der Steinplatte, entstanden die altertümlichen linkslaufenden Schriften: die Hieroglyphen, die Keilschrift und schließlich die semitischen Formen. Schon bei der Keilschrift, insbesondere aber mit der Verwendung von Pinsel oder Feder, kam es zu einer eigentümlichen Übergangsphase, der abwechselnd rechts- und linkslaufenden Bustrophedon (das heißt Ochsenkehre-Schrift), die schließlich die uns vertraute Schreibart hervorbrachte. Dieser Umstand ist deshalb so bedeutsam, weil die mit der rechtsläufigen Schreib-Lese-Richtung aufkommende Gewöhnung der natürlichen Blickrichtung gerade entgegengesetzt war. Als man die ersten Weltraumsimulationen der NASA durchführte, bei der künftige Astronauten an ihre Sessel geschnallt auf einer Schiene vorwärts geschossen wurden, stellte sich heraus, daß die Augenbälle der Probanden rasche linksgerichtete Kreisbewegungen beschrieben: die spontane Blickrichtung. Da beim Menschen eine stärkere Rechtsäugigkeit festzustellen ist, wird das Mitte-Rechts-Sehfeld ohnehin leichter erfaßt, das linke dagegen muß erst durch leichte Augenbewegungen »erschlossen« werden. Wenn sich der Vorhang zu einem Theaterstück hebt, nimmt ein in der Mitte der ersten Reihe sitzender Zuschauer daher in der Regel zuerst die rechte und dann die linke Bühnenhälfte wahr. Die Abfolge der Augenbewegungen leitet über zu einem anderen Bereich unserer sehr spezifischen Kulturgeschichte – der Bildenden Kunst.

Abb. 45 Die Erschaffung Evas (Holbein)

In der Malerei und Grafik ist die Betonung von Links oder Rechts für den Richtungskontrast und damit, insbesondere bei Landschaftsbildern, häufig für die emotionale Aussage eines Werkes von Belang. H. Wölfflin: »Es entscheidet über die Stimmung des Bildes, wie es nach rechts ausgeht.« M. Gnaffron führte repräsentative Tests mit Aufnahmen von normalen und gespiegelten Gemälden durch, die Wölfflins Annahme erhärteten. Sicher nicht den einzigen, aber möglicherweise den entscheidenden Aspekt stellt dabei die Blickfolge des Betrachters von rechts oben nach links unten dar.

Unter Werbefachleuten ist dieses Sehverhalten seit langem bekannt. Annoncen in der rechten oberen bzw. linken unteren Ecke einer Zeitschrift gelten als besonders gefragt, Fotos werden angeschrägt, Personen und Objekte, ja selbst Texte auf großem Sichtmaterial leicht nach links gekippt, um das Auge des Passanten zum längeren Verweilen einzuladen.

Auf der Abbildung ›Die Erschaffung Evas‹ geht die Blickrichtung des Betrachters von dem personifizierten Windgeist in der rechten oberen Ecke, der durch die Sonne und den Baumwipfel umrahmt wird, über die fliegenden Vögel zum gekrönten Haupt Gottes, umschließt das zentrale Dreierensemble und gleitet schließlich am Faltengewand und dem erhobenen Kopf der Hirschkuh zum Fisch unten links. Der Wasserlauf am unteren Bildrand führt das Auge in leichtem Bogen nach rechts und über den aufgestützten Ellbogen des liegenden Adam erneut zu den Zentralfiguren. Diese Bewegung wiederholt sich, relativ seperat, in der Dreieckskomposition der Bildmitte (Abb. 45). Das in diesem Falle symmetrische Blickschema würde sich auch beim gespiegelten Bild wiederholen, nur daß dann das Auge des Betrachters – über die Diagonale Gott, Eva, Adam – wohl eher auf den Hasen als auf die Schnecke fiele.

Bedient sich ein Kunstwerk gezielter Rechts-Links-Asymmetrien, kann dies, je nachdem ob die Richtung des

Abb. 46 Glücksrad (aus Brant: ›Das Narrenschiff‹)

optischen Abtastens unterstützt oder behindert wird, in der Tat Einfluß auf Harmonie oder Disharmonie, die Ausstrahlung relativer Ruhe oder innerer Spannung haben (siehe Hintergrundgestaltung des linksdrehenden Glücksrades; Abb. 46).

Die Frage, ob es sich hier um eine durch in der Regel rechtshändige Künstler geprägte Sehgewohnheit der Betrachter handelt, oder umgekehrt, um ein von der Bildenden Kunst empirisch bedientes natürliches Sehverhalten, läßt sich nicht so leicht beantworten. (Bekanntlich zeichnen Rechtshänder mit Vorliebe linksgewandte Profile. Nach R. Zazzo sind circa 70% aller Profile auf Kinderzeichnungen linksgewandt, wohingegen Linkshänder Rechtsprofile bevorzugen.) Es spricht jedoch einiges für die zweite Variante, unter anderem der Umstand, daß die Vervielfältigungsverfahren der Druckkunst (wie die angeführten Holzschnitte) ja oft spiegelverkehrte Abbilder liefern, bei denen die von rechts oben nach links unten fallende Bilddiagonale als wichtiges Kompositionselement dennoch eingehalten wird. Daß hier durch das Leseverhalten bedingte Interferenzen auftreten können, machte das Experiment von Davis B. Eisendraht, einem New Yorker Photographen, deutlich, der einer Reihe von Personen originale und gespiegelte Landschaftsphotos vorlegte. Bei Fällen starker Rechts-Links-Asymmetrie gaben 75% der Personen den Originalen den Vorzug. Interessanterweise bevorzugten hebräisch, also von rechts nach links, lesende Testpersonen die gespiegelten Landschaften.

Die Bilddiagonale ist auch in einem Bereich der Symbolik zu finden, der noch aus dem Mittelalter herrührt – der Heraldik. Als ihr wissenschaftlicher Begründer gilt Bartolus di Sassoferrato, Rechtslehrer in Perugia und späterer Ratsmann am kaiserlichen Hofe. Dieser verfaßte Mitte des 14. Jahrhunderts den bahnbrechenden Traktat ›De armis et insigniis‹, der sich erstmals mit Fragen der bildlichen Darstellung und Farbensymbolik von Wappen

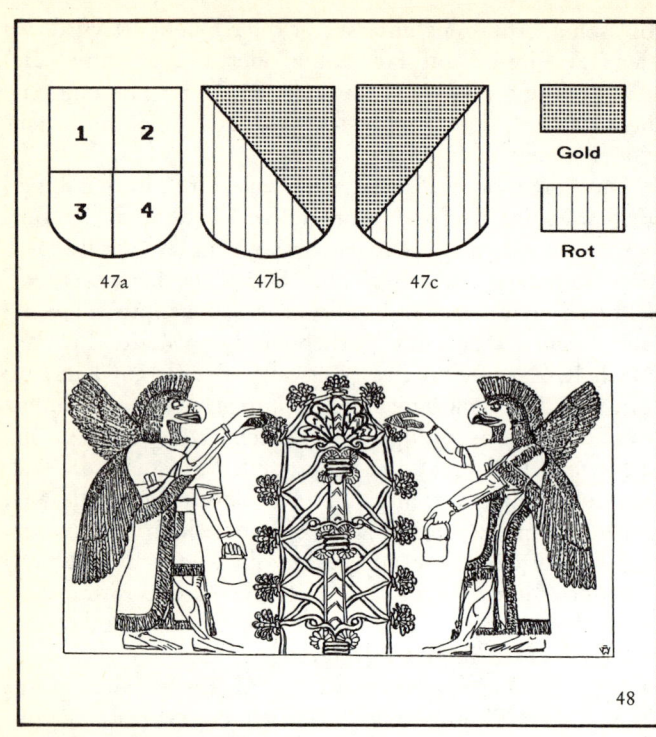

Abb. 47a) Abfolge der Felder bei der Wappenbeschreibung, b) von Gold nach Rot schrägrechts, c) von Gold nach Rot schräglinks geteiltes Wappen; 48 Unvollständige Spiegelsymmetrie auf einem assyrischen Wandrelief (nach Weyl)

beschäftigte und die Zuordnung von Rechts und Links klärte. (Die Beschreibung komplizierterer Schilder folgt der Darstellung in Abb. 47a – erstes Feld rechts oben, zweites links oben, drittes rechts unten und viertes links unten. Schräggeteilte Schilde erhalten ihren Namen nach der Fallrichtung der Diagonale. Abb. 47b ist demnach von Gold nach Rot schrägrechts, Abb. 47c von Gold nach Rot schräglinks geteilt.) Der Widerspruch zur gewohnten Blickfolge ist hier nur ein scheinbarer, denn die Begriffe Rechts und Links gehen hier nicht vom Gesichtspunkt des Betrachters, sondern von dem des Schildträgers aus. Die rechte oder auch vordere Seite des Wappens liegt demnach links vom Betrachter.

Die Wappenkunde ist für das Rechts-Links-Problem auch unter einem anderen Gesichtspunkt bemerkenswert. Sie belegt in eindrucksvoller Weise die Faszination der Spiegelsymmetrie, der selbst die natürliche Darstellung untergeordnet wird. Erinnert sei nur an den doppelköpfigen Adler, das Symbol des zaristischen Rußland. Beim Übergang von der dekorativen zur realistischen Malerei wird diese Spiegelsymmetrie durchbrochen. Die adlerköpfigen Männer auf dem assyrischen Wandrelief (Abb. 48) sind beide Rechtshänder!

Auch in der Tonkunst trifft man zuweilen auf Spielereien, die sich aus der bewußten Spiegelung eines Musikstücks ergeben. Angeführt seien hier nur die Umkehrung von Mozarts A-Dur Sonate in den Variationen von Max Reger und Haydns Kanon ›Du sollst dich ganz der Kunst weihen!‹. Die so entstehende, gewissermaßen von rechts nach links gespielte Tonfolge ist in Klang und Charakter der Originalmusik nahezu entgegengesetzt. Hanns Eisler erwähnt in seinen Erinnerungen, wie ihm Brecht eines Tages diabolisch pfeifend den Flur entgegenkam. Die ungewöhnlich heitere Melodie stellte sich als die Umkehrung des Trauermarsches von Chopin heraus.

Auftragsgemäß statteten wir dem Patentamt auch weiterhin Besuch ab und gaben zahlreiche Thesen, Überlegungen und Ergebnisse zu Protokoll, im Glauben, unserer Arbeit damit einen guten Dienst zu erweisen. So reichten wir unter anderem ein »Verfahren zur Stoffwechselbeeinflussung von lebenden Zellen« zur Patentierung ein. Wir hatten festgestellt, daß sich bestimmte Lebensprozesse von Mikroorganismen veränderten, wenn man sie gerichteter Drehung aussetzte. So wird zum Beispiel von der Darmbakterie Yersinia enterocolitica bei der links gedrehten Probe D-Mannose und D-Tartrat nicht mehr verstoffwechselt, wohl aber Malanat, während sich das Stammbakterium genau umgekehrt verhält. Mehrere Wochen darauf sprach mich Professor Axel Hendrik, der Ärztliche Direktor des Klinikums Buch, an und erzählte von einem überraschenden Besuch. Wie aus heiterem Himmel sei ein Zivilist in Begleitung von sechs Uniformierten bei ihm im Sekretariat aufgetaucht, hätte die Öffnung des Panzerschranks verlangt und dort ein Schriftstück deponiert. Als die sieben Männer wieder abgezogen waren, stellte man fest, daß es sich bei dem versiegelten Dokument um ein Geheimpatent handeln mußte, allerdings waren weder Gegenstand noch Autoren desselben zu entnehmen. Wie sich in der Folgezeit herausstellte, war unser erstes Patent inzwischen mit einem so hohen Geheimnisgrad versehen worden, daß es zwar beim Stellvertreter des Ärztlichen Direktors aufbewahrt werden durfte, aber niemand im gesamten Klinikum berechtigt war, es zu öffnen.

Parallel zu den Patentmeldungen versuchten wir einzelne Ergebnisse unserer Forschungen auf der Wissenschaftsseite einer führenden Tageszeitung und in der Zeitschrift ›Wissenschaft und Fortschritt‹ zu veröffentlichen. Professor Hörz von der Akademie der Wissenschaften hatte uns dafür seine

Unterstützung zugesagt. So stellten wir ihm ein Exemplar unseres Artikels zu. Er selbst wollte ihn nach der Lektüre an die Redaktionen weiterleiten. Die Veröffentlichung wurde jedoch verhindert. Die Herren Pobel und Theisen schalteten sich ein und holten das bei dem Philosophen liegende Manuskript persönlich wieder ab. Uns gegenüber erklärten sie, daß sie stattdessen auf internen Wegen nach in Frage kommenden Anwendern suchen würden. So hätte der Präsident des Patentamtes, Professor Hämmerling, den Vorsitzenden des Forschungsrates der Akademie der Wissenschaften, Herrn Professor Max Steenbeck, in einem persönlichen Brief gebeten, potentielle Interessenten für unsere Wachstumsresultate ausfindig zu machen.

Neben unseren Drehversuchen mit unterschiedlichen Pflanzen und Kleinstlebewesen hatten wir inzwischen auch Experimente begonnen, in denen wir den Einfluß von links- bzw. rechtsdrehenden Substanzen auf den Säugetierorganismus testen wollten. Dazu besorgten wir uns sechzig Mäuse mit künstlich gesetzten Tumoren – da weitgehend gleichwertige Tiere erforderlich waren, handelte es sich um weiße Inzuchtmäuse – und verabreichten ihnen körpereigene, natürliche und körperfremde bzw. synthetisch erzeugte Isomere verbreiteter biochemischer Verbindungen, wie Ascorbinsäure, Weinsäure und Milchsäure. Die längste Lebenserwartung zeigten jene todkranken Tiere, deren Trinkwasser wir die ausgesprochen seltene, optisch linksdrehende Gärungsmilchsäure zugesetzt hatten!

Da unsere Experimente zwar geduldet, aber kaum unterstützt wurden, gestalteten sich mitunter selbst die profansten Dinge zu einem Problem. Als wir zum Beispiel geeignete Behältnisse für unsere Mäuse benötigten, wandten wir uns zunächst an die Abteilung Laborbedarf, dann an die Werkstatt und als auch dort niemand weiterhelfen konnte, schließlich an die Großküche des Klinikums. Der Koch, den wir sprachen, zuckte mit keiner Wimper, als er unser Ansinnen vernahm und wies stumm auf zwei lange Reihen riesiger Gurkengläser. Diese hatten im Grunde nur einen einzigen Makel: Sie waren voll bis zum Rand. Nach kurzer Übereinkunft lieferte man uns fünf Dutzend prächtige Kleintiergefäße – und der Betriebskantine zwei Wochen lang saure Gurken ...

Im Anschluß an die Mäuseversuche testeten wir die Reaktion von Krebszellen, sogenannten Hela-Zellen, auf unseren Drehtellern. In unserem statistisch nicht gesicherten Vorversuch, den wir aufgrund akuten Materialmangels nicht weiterführen konnten, verhielten sich die Zellen des wildwuchernden Gewebes genau entgegengesetzt zu den menschlichen Normalzellen. Die ersten vermehrten sich stärker bei Links- die anderen bei Rechtsdrehung. In diesem Zusammenhang tauchte auch ein anderer Gedanke auf. Da uns vertraut war, daß Normalzellen bei ihrer Gärung die Linksform der Milchsäure freisetzen, fragten wir uns, ob Krebszellen eventuell Rechtsmilchsäure entstehen ließen. Aus der Fachpresse wußten wir von dem Geraer Chirurgen Dr. Strauß, der Krebspatienten mit therapieunterstützenden Joghurtkuren behandelte. Diese Joghurte enthielten Rechtsmilchsäure. Wir schrieben Dr. Strauß von unseren Versuchsreihen, woraufhin er uns zu einem Besuch nach Gera einlud und seine Behandlungsmethode ausführlich darlegte. Im Ergebnis beschlossen wir, unsere noch ziemlich vage Vermutung sorgfältig zu prüfen.

In dieser Zeit suchte uns Dr. Hans W. Gerlach auf, damals noch Sektorenleiter im Ministerium für Wissenschaft und Technik, später stellvertretender Minister für Werkzeugmaschinenbau. Wir hatten über die Problematik des Linksphänomens Bekanntschaft geschlossen und uns früher des öfteren getroffen. Diesmal jedoch kam er als Patient. Er und seine Frau litten an einer schweren Mykose – einem massiven Pilzbefall. Da die Krankheit der Frau trotz aller Bemühungen der Mediziner des Regierungskrankenhauses bereits in das Finalstadium eingetreten war, und man auch den gesundheitlichen Zustand ihres Mannes als ausgesprochen kritisch einschätzte, waren beide Patienten in die Hautklinik Berlin-Buch verlegt worden. Offenbar hatten sie den Chefarzt der Klinik, OMR Dr. Günther Elste, von unseren Studien unterrichtet, denn er bat uns kurz darauf zu einem Gespräch. Wir stellten ihm und dem behandelnden Arzt, Dr. Lothar Krell, die grundlegenden Prinzipien der Milchsäurebehandlung bei Krebspatienten dar, und bemerkten, daß wir aufgrund eigener Experimente die Vermutung hegten, daß die vorliegende Erkrankung – es handelte sich um eine Hefepilzart, die Milchsäure produzierte – gleichfalls auf therapeutisch wirksame Mengen von Rechtsmilchsäure anspräche. Im nachhinein erfuhren wir, daß beide Patienten tatsächlich mit hochdosierten Gaben der keineswegs billigen D(-)-Milchsäure behandelt worden waren. (Es handelte sich um Kuren im Werte von etwa 20 000 DM, die durch die guten Verbindungen zum Ministerium bereitgestellt werden konnten.) Beide Ehepartner wurden als vollständig geheilt entlassen.

Später konsultierten wir in dieser Frage Dr. Döpke, Chemiedozent und Spezialist für Stereoisomere an der Humboldt-Universität Berlin. Er stimmte unseren Vermutungen über die durch die Chiralität bedingten Wirkungsmechanismen linksgedrehter Milchsäure zu und begleitete uns in die Pharmazeutischen Werke Oranienburg, um sich nach den Möglichkeiten einer Produktionsaufnahme zu erkundigen. Allerdings kam diese aufgrund ungenügender technischer Voraussetzungen nicht zustande.

Pflichtgemäß berichteten wir dem Patentamt über den Ausgang unserer Gespräche und Erfahrungen. Wir waren durch die Literatur mit einigen Behandlungsmethoden bei Krebserkrankungen vertraut und wußten, daß auch am Dresdner Institut von Professor Manfred v. Ardenne eine Therapiemethode erarbeitet und praktiziert wurde, deren Wirkungsmechanismus auf der Entstehung von Rechtsmilchsäure beruhen konnte. Am einfachsten schien es uns, diese Frage direkt an Ort und Stelle zu klären. Herr Dr. Theisen war gleichfalls an dem zu erwartenden Gespräch interessiert und so fuhren er, Dr. Ritschel und ich zum Weißen Hirsch, der Villa von Professor Manfred v. Ardenne, nach Dresden. Professor Ardenne empfing uns freundlich und bat uns um einen Augenblick Geduld, da er, sofern wir einverstanden wären, noch einen Patentingenieur hinzuziehen wolle. Wir erwähnten, daß bereits Herr Dr. Theisen, als Vertreter des Patentamtes, anwesend sei. Auf diese Bemerkung entgegnete Professor Ardenne höflich, daß sich das gut träfe, da er selbst ohnehin noch einige Forschungsberichte abzufassen hätte. Er bat uns deshalb, das Gespräch zunächst mit dem entsprechenden Spezialisten für Milchsäuretherapie aufzunehmen und verließ den Raum. Dem eintretenden Experten, Herrn Dr. Reitnauer, erklärten wir unser Anliegen. Das Grundprinzip der von seiner Arbeitsgrupppe praktizierten Krebstherapie bestand darin, daß die betroffenen Zellen durch Sauerstoffentzug und gleichzeitige Glucosezufuhr zur Gärung angeregt wurden. Deren Endprodukt, die Milchsäure, führt zu einer Übersäuerung des Gewebes und damit zur Hemmung des Krebszellenwachstums. Wir wollten jetzt von ihm erfahren, welches Milchsäure-Isomer für den therapeutischen Effekt verantwortlich war – die Rechtsform oder die Linksform. Zu unser aller Verwunderung erklärte Dr. Reitnauer, daß er das leider auch nicht wisse. Unserer Ansicht, daß es nach allen biologischen Erfahrungen nur eine von beiden Formen sein könne, stimmte er jedoch zu. Kurz darauf erschien erneut Professor Ardenne im Zimmer, erkundigte sich nach dem Stand des Gesprächs und eröffnete uns, daß diese Frage bereits durch Untersuchungen von Warburg geklärt worden wäre. Er versprach, die Problematik noch einmal mit seinen Mitarbeitern zu diskutieren und verabschiedete uns.

Wenige Tage später erhielt ich von Professor Ardenne einen Brief, in dem er erklärte, daß die Links-Rechts-Phänomene in ihrer Gesamtheit zweifellos einen hochinteressanten, heterogenen Problemkreis bildeten, der jedoch bereits weitgehend erschlossen wäre. Eine Unterscheidung zwischen links- und rechtsseitiger Orientierung sei indes an einen Bezugspunkt gebunden. Die Zeiger einer Uhr würden sich, von hinten betrachtet, ja auch entgegen dem Uhrzeigersinn drehen, ein Drehteller vom Antipoden aus gesehen die entgegengesetzte Drehrichtung aufweisen. (Das trifft zwar für Kreisbewegungen zu, läßt aber die Translation, in unserem Falle die Wachstumsrichtung, völlig unberücksichtigt. Die linksgedrehte Spirale bleibt bekanntlich linksgedreht, egal ob man sie nun von oben oder von unten betrachtet.) Der prominente Wissenschaftler empfahl uns abschließend, ruhig mit unseren Drehversuchen an Organismen und Zellverbänden fortzufahren. Er selbst aber sähe an seinem Forschungsinstitut keine Möglichkeit, sich experimentell oder theoretisch an der Klärung der Problematik zu beteiligen.

Wir bedauerten dies sehr, hatten wir doch gehofft, daß ein unabhängiges Forschungsgremium mit deutlich besseren technischen Voraussetzungen unsere Versuche wiederholen und fortführen könnte, zumal unsere Literaturrecherchen ergaben, daß die Frage der Drehung bei Milchsäuregärung durch Warburg keineswegs entschieden worden war.

Unter optischen Isomeren werden paarige Stoffe verstanden, die über den gleichen Atomaufbau und dasselbe Molekulargewicht verfügen, gleiche chemische Reaktionen durch identische reaktionsfähige Gruppen eingehen und sich zunächst nur in einer einzigen physikalischen Eigenschaft unterscheiden. In molekularer Verteilung dreht einer der Stoffe die Ebene des polarisierten Lichts nach links, der andere um den gleichen Betrag nach rechts. Nach den lateinischen Termini laevo (links) bzw. dexter (rechts) werden die beiden optischen Antipoden als l- bzw. d-Substanzen bezeichnet (Abb. 49a, 49b). Treten beide, beispielsweise bei Synthetisierung, als Stoffgemisch auf, zeigt dieses häufig veränderte physikalische Eigenschaften. Es besitzt eine andere Schmelztemperatur und Löslichkeit als die Ausgangsstoffe und erweist sich, da die entgegengesetzt gerichteten Strukturen beider Grundsubstanzen einander neutralisieren, häufig als optisch inaktiv:

	Schmelzpunkt	Löslichkeit	opt. Aktivität
Rechts-(d)			
Weinsäure	170°	0,76 T/l	rechtsdrehend
Links-(l)			
Weinsäure	170°	0,76 T/l	linksdrehend
Traubensäure			
(d-/l-Form)	204°	5,85 T/l	inaktiv
Mesoweinsäure	140°	0,80 T/l	inaktiv

Von der Traubensäure erhielten derartige Stoffgemische die Bezeichnung Razemat (lat. racemus – Traube). Zuweilen können sie neue Kristallstrukturen ausbilden. In der Regel ist es jedoch möglich, sie wieder in die ursprünglichen d- und l-Formen zu zerlegen. Die optisch

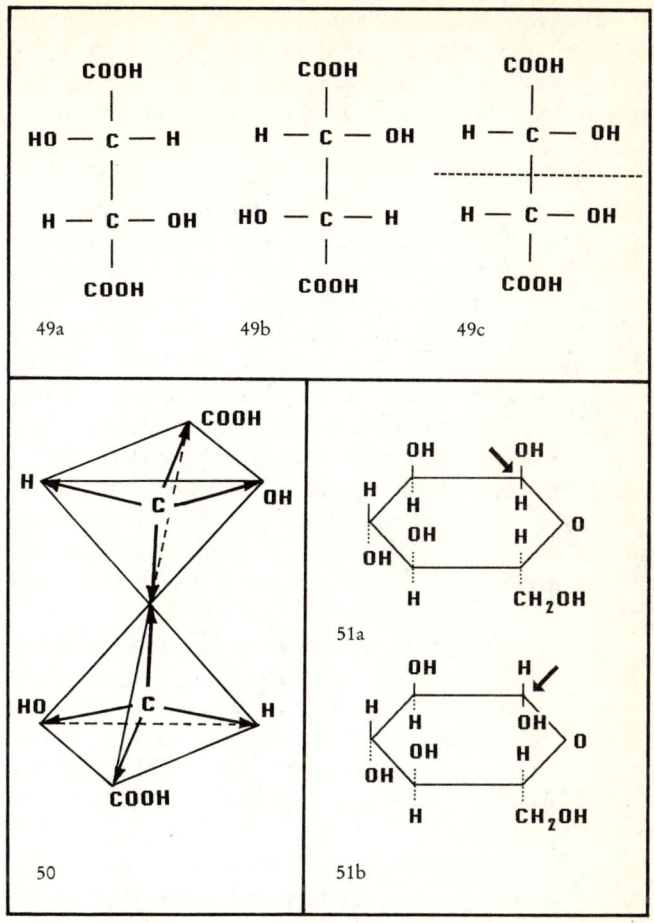

Abb. 49 a) l-Weinsäure, b) d-Weinsäure, c) Mesoweinsäure; 50 Tetra-
edermoleküle in innerer Kompensation (Mesoweinsäure); 51 a) alpha-
Glucose und b) beta-Glucose (als Beispiel für cis- und trans-Stellung
der OH-Gruppe)

inaktive Mesoweinsäure hingegen läßt sich nicht weiter in Isomere aufspalten (Abb. 49c). Es handelt sich also um eine Varietät, die die Summenformel der Isomere mit den physikalischen Eigenschaften des Stoffgemisches vereint.

Im Bemühen, ein Modell zu erstellen, das sowohl den chemischen als auch physikalischen Qualitäten der Kohlenwasserstoffisomere gerecht würde, kamen die Begründer der Stereochemie Le Bel und Van't Hoff zu dem Schluß, daß die kettenbildenden C-Atome eine Tetraederstruktur besitzen müßten. Strenggenommen geschah dies auch, um sinnfällig zu machen, daß beide Formen über keine gemeinsame Symmetrieachse verfügen. Überdies ließ sich so die Bildung sehr stabiler Mischstrukturen, wie der erwähnten Mesoweinsäure, erklären: Kohlenstoffatome mit entgegengesetztem Drehsinn führten hier zu innerer Kompensation (Abb. 50). Mit weiteren, immer komplexeren Modellen, die allesamt von einer Tetraederstruktur des Kohlenstoffatoms ausgehen, wie cis- und trans-Formen (zum Beispiel bei der Alpha- und Beta-Glucose; Abb. 51), Behinderungsisomeren (bei denen die freie Drehbarkeit von Atomgruppen eingeschränkt ist) und neuerliche Verbindungen von zwei oder mehr optisch drehenden Einzelsubstanzen, konnte man grundlegende Spannungsverhältnisse, die unterschiedlichen physikalischen Qualitäten und das Bindeverhalten vieler Stoffe begründen.

Das stereochemische Verhalten des Kohlenstoffs läßt sich freilich auch auf andere Elemente wie Stickstoff, Bor, Phosphor und Schwefel übertragen. Die entstehenden optischen Isomere können sich in Geruch oder Geschmack deutlich voneinander unterscheiden. So verbreitet die eine Varietät des Geraniols Rosenduft, die andere riecht nach frischem Öl, die linksdrehende Form des Limonen (eines in Zitrusfrüchten vorkommenden Aromastoffs) duftet nach Zitrone, die rechtsdrehende nach Orange, und zwischen den rechten und linken Isomeren der im Spargel

enthaltenen Asparaginsäure sowie verschiedenen Zucker-
formen bestehen deutliche Geschmacksunterschiede.
Nun sind Geruch und Geschmack in doppeltem Sinne
subjektive Eigenschaften. Zunächst einmal werden sie
von Individuum zu Individuum in unterschiedlicher In-
tensität und Qualität empfunden. Zum anderen aber, und
das erscheint in diesem Zusammenhang weit wichtiger,
bedürfen sie, wie jede Empfindung, bestimmter organischer Rezeptoren. Es leuchtet ein, daß diese Rezeptoren
in letzter Konsequenz gleichfalls chirale Eigenschaften
besitzen müssen, sonst könnten sie chemisch völlig
gleichwertige Verbindungen nicht klar voneinander diffe-
renzieren. Und in der Tat besitzen die Nervenenden unserer für das Schmecken und Riechen zuständigen Sinnesorgane eine solche Struktur. Übrigens nicht nur die
Sinnesorgane, sondern sämtliche Körperflüssigkeiten, die
für die energetische Aufspaltung von aufgenommenen
körperfremden Stoffen zuständig sind.

So kann es ausgesprochen gefährlich werden, bestimmte rechts- bzw. linkstypische Eigenschaften der Isomere
zu vernachlässigen. Beispielsweise ist das natürliche, in
den Zigaretten enthaltene Links-Nikotin doppelt, linker
Kampfer gar dreizehnmal so toxisch wie entsprechende
synthetisch gewonnene Rechtsformen, die künstliche
Rechtsform des stark pupillenerweiternden Hyoscya-
mins zeigt im Gegensatz zu der linken kaum Wirkung,
Laevoadrenalin wirkt ein dutzendmal stärker auf die Ver-
engung der Blutgefäße als Dextroadrenalin und das linke
Phenylalanin führt zur tödlichen Phenylketonurie. Erinnert sei in diesem Zusammenhang auch an die Conter-
gan-Tragödie. Das linke, und zwar nur das linke, Isomer
des Thalidomids, das als Beruhigungsmittel auf den
Markt kam, führte dazu, daß viele schwangere Frauen
Kinder mit schweren körperlichen Mißbildungen zur
Welt brachten.

Wie sagte doch Alice vor dem Sprung ins Spiegelland
besorgt zu ihrem Kätzchen: »Vielleicht ist es nicht gut,

Spiegel-Milch zu trinken ...?« Auf das nicht spiegelbildliche Kätzchen könnte sie in der Tat unheilvolle Wirkung
haben.

Die vor hundert Jahren von E. Fischer an Zuckern ganz
willkürlich vorgenommene und erst später durch die ano-
male Röntgenstrahlung bestätigte d-/l-Zuordnung wurde
später mit Großbuchstaben angegeben und – nach dem
D- bzw. L-Glyzerinaldehyd – vereinheitlicht. Da es dabei nicht selten zu Überschneidungen mit der tatsächlichen Drehrichtung des polarisierten Lichts kam, wurde
diese zusätzlich mit (+) für rechts- und (−) für linksdrehende Substanzen angegeben. So ist die weitverbreitete
Fleischmilchsäure zwar strukturell eine L-Isomer, dreht
jedoch polarisiertes Licht nach rechts (+) (Abb. 52). Ihren Namen erhielt sie, weil sie als ein Endprodukt der
Aufspaltung von Kohlenhydraten im Stoffwechsel sämtlicher Säugetiere vorkommt. Sie wird durch viele anaerob
lebende Bakterien, aber auch durch starke Muskeltätig-
keit bei mangelnder Sauerstoffzufuhr gebildet und führt,
nicht rechtzeitig wieder abgebaut, zum gefürchteten
Muskelkater. Daß Joghurtproduzenten auf ihren Pro-
dukten häufig stolz den Prozentsatz an L(+)-Milchsäure
vermerken, entbehrt also nicht einer gewissen Komik.
Um so mehr, als für den in der Tat nachgewiesenen therapeutischen Effekt bei Tumorbehandlungen offenbar allein die (sehr viel seltenere und nur von einigen speziellen
Bakterien gebildete) D(-)-Milchsäure, also die linksdrehende Substanz, verantwortlich ist. Die Ursachen dafür
dürften in den veränderten Stoffwechselprozessen der
Wucherung zu suchen sein. So sind im Organismus lebende Tumorzellen in der Lage, auch bei Sauerstoffbetei-
ligung Milchsäure zu bilden (wozu, von den Normalge-
weben, nur die roten Blutzellen, die Netzhaut und in
geringem Maße das Gehirn befähigt sind). Allerdings
wird die ansonsten sehr intensive Aufspaltung von Koh-
lehydraten durch Sauerstoffzufuhr unterdrückt – die
Wucherzelle gewinnt ihre Energie dann verstärkt aus bio-

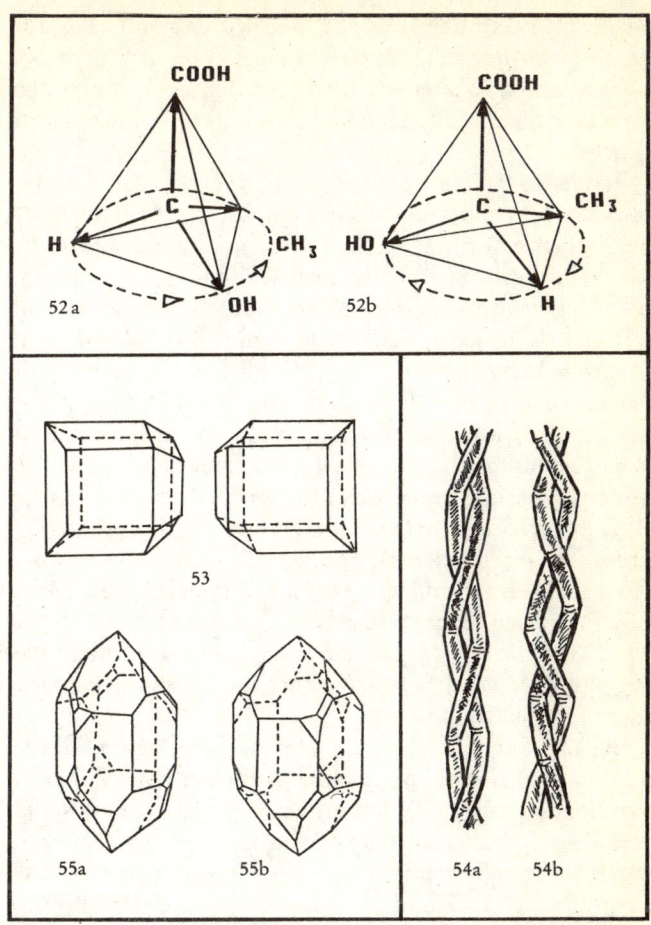

Abb. 52 a) D(−)-Milchsäure, b) L(+)-Milchsäure (Fleischmilchsäure); 53 spiegelbildliche Kristalle der Weinsäure (s. a. Abb. 49 u. 50); 54 a) linksgedrehter und b) rechtsgedrehter Heubazillus; 55 Zwillingsbildungen beim Quarz, a) Linksquarz, b) Rechtsquarz

chemischer Atmung. Dieser Effekt wurde von L. Pasteur beschrieben und trägt seinen Namen. Von dem genialen französischen Wissenschaftler stammen auch die ersten umfassenden Arbeiten zum Rechts-Links-Problem in der Biochemie.

Bereits 1848 wandte sich Pasteur, angeregt von den Beobachtungen Biots und Mitscherlichs, der Analyse spiegelbildlich geformter Salze der Weinsäure zu (Abb. 53). Mit selbstverfertigten filigranen Geräten gelang es ihm, beide Formen unter dem Mikroskop zu separieren und mit der unterschiedlichen Drehung von polarisiertem Licht nachzuweisen, daß er tatsächlich Isomere getrennt hatte. Als Biot von der experimentellen Bestätigung seiner These erfuhr, lud er den knapp zwanzigjährigen jungen Wissenschaftler zu sich und bat ihn, den Versuch in seinem Beisein zu wiederholen. Daraufhin kontrollierte Biot zunächst das neuentdeckte Gegenstück zur natürlichen, linksdrehenden Säure. Pasteur: »Ohne eine Ablesung machen zu müssen, erkannte Biot, daß eine starke Drehung nach rechts vorlag. Da ergriff der berühmte alte Mann sichtlich bewegt meine Hand und sagte: ›Mein lieber Sohn, ich liebe die Wissenschaft so sehr, daß dies mein Herz bewegt.‹«

Bei der Suche nach geeigneteren Trennungsverfahren kam Pasteur der Zufall zu Hilfe. Auf einer optisch inaktiven Lösung waren Schimmelpilze gewachsen. Als der französische Chemiker und Mikrobiologe die verunreinigte Substanz untersuchte, stellte er verblüfft fest, daß sie polarisiertes Licht drehte! Er war auf den ersten biologischen chiralen Katalysator gestoßen. Im Verlaufe weiterer Experimente entdeckte Pasteur noch andere Bakterien und Pilze, die nur ein Isomer übrigließen, indem sie das entgegengesetzte »auffraßen«. (So nähren sich Hefen von rechter Weinsäure und der Penizillin-Pilz greift nur das rechte weinsteinsaure Ammoniak an.) Pasteur suchte dieses Phänomen durch die Chiralität der Lebewesen nach dem Schlüssel-Schloß-Prinzip deutlich zu machen.

Er ging also von einem wachstumsfördernden oder bremsenden Effekt durch gleich oder entgegengesetzt gerichtete isomere Nahrung aus und bezeichnete die spiegelbildliche Dissymmetrie, die für ihn eine Zwischenstufe zwischen Asymmetrie und Symmetrie darstellte, als ein Wesensmerkmal des Organischen (Stärke, Obstsäure, Zucker, Eiweiße, Zellulose, Gelatine et cetera sind bekanntlich optisch aktiv). Bei den anschließenden Experimenten suchte Pasteur die Entstehung der Isomere mit asymmetrischen Wirkungsmechanismen zu erklären, die ihrerseits durch kosmische Kraftfelder, Elektrizität oder Magnetismus bedingt wären. In den erst auszugsweise veröffentlichten Notizen des französischen Gelehrten heißt es: »Ich bin davon überzeugt, daß das Leben, so wie es sich uns manifestiert, eine Funktion der Dissymmetrie des Universums ist – oder der Folgen, die diese mit sich führt. Das Universum ist dissymmetrisch, denn wenn man die Gesamtheit der Körper, aus denen das Sonnensystem besteht, mit den ihnen eigenen Bewegungen vor einen Spiegel stellte, so hätte man im Spiegel ein Bild, das sich nicht mit der Wirklichkeit zur Deckung bringen läßt.«

Pasteur wußte bereits, daß verschiedene Substanzen, ja sogar Mikroorganismen, durch Änderung äußerer Faktoren zu ihrer spiegelbildlichen Form übergehen können. (So bildet der Heubazillus normalerweise linksgewundene spiralförmige Kolonien; Abb. 54a. Bei Erwärmung gehen diese zu rechtsgewundenen Strukturen über; Abb. 54b.). Durch gedrehte Kristall- und Nährlösungen, reflektiertes Sonnenlicht und starke Magnetfelder versuchte der berühmte Forscher unter Laborbedingungen eine spiegelbildliche Natur zu schaffen und phantastische Mutationen im Tier- und Pflanzenreich hervorzurufen. Wenngleich er seine kühnen Wunschträume auch nicht annähernd erfüllen konnte, erwarb er sich bleibende Verdienste in seiner Annäherung an die bis dato geheimnisumwitterte Trennlinie zwischen Belebtem und Unbelebtem. Unbedingt ergänzt sei indes, daß sich auch bei anorganischen Kristallen, beispielsweise den Zwillingsbildungen des Quarzes (Abb. 55), Chiralität und, wie beim Kalkspat, sogar optische Drehung findet.

Erst lange nach dem Tode Pasteurs konnte durch Laboratoriumsversuche zweifelsfrei nachgewiesen werden, daß manche Bakterien in der Tat einseitig gedrehte Aminosäuren oder Zucker bevorzugen. Sie nähren sich zwar auch vom entgegengesetzten Isomer, ihr Vermögen dieses abzubauen ist jedoch deutlich geringer. Demzufolge bleiben sie auch in ihrem Wachstum zurück. J. Nicolle beschreibt Stoffe, in denen ein optischer Antipode, zum Beispiel das Links(-)-Isoleucin, nicht als Nahrung dienen kann, oder gar das Wachstum verhindert und suchte diese Erscheinung nicht durch den Gegensatz, sondern die Ähnlichkeit der Isomere zu erklären. So vermag der Organismus die betreffende Substanz zwar chemisch zu identifizieren und an den für den optischen Antipoden vorgesehenen Stellen einzulagern, ist jedoch nicht in der Lage, den Ersatz auch abzubauen, der nun seinerseits den Platz für die herangeschafften »richtigen« Isomere blokkiert.

Um die Ursachen dieser paradox erscheinenden Differenzen zu erhellen, muß kurz auf den Grundaufbau des Lebens eingegangen werden. Proteine, die Grundbausteine der uns bekannten Organismen, sind Verbindungen aus Kohlenstoff, Wasserstoff, Sauerstoff, Stickstoff und häufig, jedoch nicht notwendigerweise, Schwefel. Diese Atome sind zu einzelnen Kettengliedern, den Aminosäuren, geformt. Die 20 Aminosäuren, die als regelmäßiger Bestandteil von pflanzlichen oder tierischen Proteinen vorkommen, weisen (bis auf das Glycin) linke und rechte Isomere auf, von denen in der Natur, bis auf sehr wenige Ausnahmen, nur die Linksformen zu finden sind. (F. Kögl machte bereits 1939 darauf aufmerksam, daß das Eiweiß von Krebsgeschwulsten Rechtsformen von Aminosäuren enthält.) Miteinander verbunden bilden sie Peptidketten, schraubenförmige Riesenmoleküle, die sich

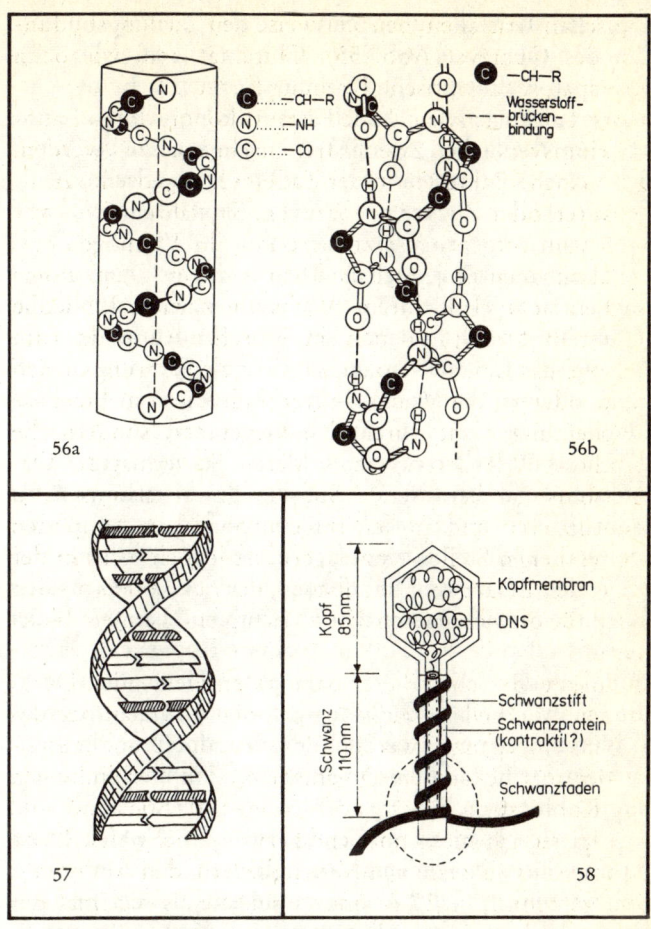

Abb. 56 Peptidkette in der alpha-Helix, a) schraubenförmige Grundstruktur (schematisiert), b) alpha-Helix mit eingezeichneten Wasserstoffbrücken (nach Rapoport); 57 DNS-Doppelspirale (Wasserstoffbrücken werden zwischen Adenin und Thymin, sowie zwischen Guanin und Zytosin ausgebildet); 58 Bakteriophage (schematisiert, nach Kozloff)

entgegen dem Uhrzeigersinn – also gemäß unserer Normspirale – auf den Betrachter zuwinden (Abb. 56). Diese sogenannten Alpha-Spiralen können sich untereinander zu einer dreifachen Helix verdrillen, und diese mit anderen dreifachen Spiralen zu einem noch stärkeren Strang, bis schließlich mikroskopisch kleine Fäserchen in Sehnen, Haaren oder dem Geißelsystem bestimmter Mikroorganismen entstehen.

Proteinmoleküle werden darüber hinaus von einem feinen Strang Nukleinsäure durchzogen. Es handelt sich dabei um aus linkswendigen Nukleotiden aufgebaute Doppelspiralen, die wir funktional nach DNS und RNS unterscheiden – die »Baupläne« der gesamten belebten Materie (Abb. 57). Ein Virus beispielsweise, der den Organismus der Pflanze, des Tieres, ja sogar des Bakteriums dadurch schädigt, daß er die Zellen des Wirtskörpers als Rohstofflieferanten und Produzenten für unzählige Kopien seiner selbst mißbraucht, wickelt beim Eindringen in die fremde Zelle seine DNS-Spirale ab (Abb. 58), um ihr auf diese Weise den eigenen Erbcode mitzuteilen. Dabei kommt auf circa vier Millionen exakte Kopien eine Mutation. Gerade diese kleinen genetischen Ungenauigkeiten, die »schwarzen Schafe« unter den »wohlgeratenen« Individuen machen ein Überleben der Virenpopulation unter einschneidend veränderten äußeren Bedingungen überhaupt erst möglich.

Über den asymmetrischen Aufbau der Nuklein- und Aminosäuren wurde lange Zeit gerätselt. F. R. Japp verkündete um die Jahrhundertwende gar, daß die Enststehung so komplexer disymmetrischer Formen aus symmetrischen Elementen nie und nimmer auf natürlichem Wege erfolgt sein könne. Von S. L. Miller wurde ein halbes Jahrhundert später der experimentelle Gegenbeweis erbracht. Der junge Chemiker hatte eine Mischung aus Wasser, Ammoniak, Methan und Wasserstoff (die vermuteten Bestandteile der Urmeere) in einen Glaskolben getan und eine Woche lang elektrischen Entladungen ausgesetzt. Nach Beendigung seines Versuchs fand er im Gemisch verschiedene komplexere organische Verbindungen, einschließlich Aminosäuren. Sein Experiment wurde abgewandelt in anderen Labors wiederholt und führte zum Auffinden zahlreicher synthetischer Nukleotide und Aminosäuren. Der Schleier, der über dem Ursprung des Lebens liegt, konnte dadurch zu einem wesentlichen Teil gelüftet werden. Daß Kohlenhydrate und andere organische Stoffe innerhalb von Pflanzenzellen infolge ihrer Synthese durch optisch-aktive Moleküle, beispielsweise des Chlorophylls, ebenso asymmetrisch sind, wie die durch asymmetrische Fermente in tierischen Zellen entstehenden, scheint nicht verwunderlich. Ebensowenig, daß höherentwickelte Lebewesen, die sich von niederen nähren, genau wie diese linksdrehende Aminosäuren und DNS-Spiralen besitzen und rechtsdrehende Zucker aufbauen. V. I. Goldanskij wies darauf hin, daß die grundlegende Eigenschaft der DNS-Doppelhelix – ihre durch Komplementarität bedingte Möglichkeit zur Selbstreplikation – in dramatischer Weise verletzt wird, wenn auch nur in einer Einheit des DNS-Stranges ein L-Zucker auftritt. In diesem Fall wäre die an das Zuckermolekül gebundene Nukleinbase um etwa 100 Grad aus ihrer Normalposition in der Kette herausgedreht und mithin unfähig zur Bildung einer komplementären Wasserstoffbrücke zum zweiten DNS-Strang. Die Frage nach den Evolutions-Faktoren, die zu der Herausbildung des einseitigen Windungssssinns (also dem Überwiegen von L-Aminosäuren und D-Zuckern) führten, blieb aber nach wie vor bestehen.

Hier versucht die chemische Kinetik eine Antwort zu geben: In der Regel reagiert eine chirale Substanz in reiner Form schneller, als wenn sie in einer Verbindung beider Isomere, also dem Razemat, vorliegt. So polymerisieren reine L- bzw. D-Aminosäurenabkömmlinge 20mal schneller zu einem Polypeptid als ihr 1:1 Gemisch, und zwar die L-Formen zu links- und die D-Formen zu rechtsgedrehten Spiralen, die nun ihrerseits weitere Bausteine für ihre Schraubenstruktur »suchen«. Bei einem geringfügigen Überschuß an L-Aminosäuren würde die Polymerisationsgeschwindigkeit der linksgedrehten Schraube intensiviert werden und im Ergebnis ein größerer Prozentsatz linkswindiger Schrauben vorliegen als vom ursprünglichen Gemisch her zu erwarten gewesen wäre. Durch begünstigende äußere Faktoren (siehe Heubazillus) und innere Aufspaltung kann dieser Überschuß zusätzlich gefördert werden. Eine der Theorien, die die Chiralität des Lebens als Resultat lang wirkender natürlicher Asymmetrien zu fassen sucht, geht von der Wirkung zirkular polarisierten Lichtes aus. Das teilweise linear polarisierte Himmelslicht verwandelt sich bei der Reflexion auf der Wasseroberfläche in elliptisch polarisiertes, wobei elliptisch rechtspolarisiertes Licht auf der Erdkugel überwiegt. W. Kuhn, E. Braun, E. Knopf und S. Mitchell zeigten nun auf, daß eine derartige Polarisation bei der photomechanischen Zersetzung von Razematen unter Laborbedingungen tatsächlich zum Auftreten optisch aktiver Lösungen führt. Ähnliche Wege beschritt A. S. Garay 1968 zum experimentellen Nachweis seiner These einer strahleninduzierten Zersetzung von Aminosäuren. Unter Ausschaltung bakterieller Kontamination gelang es ihm, aus dem Tyrosin-Razemat mit Hilfe einer radioaktiven Strontiumquelle einen beträchtlichen Überschuß des linksschraubigen natürlichen L-Tyrosins zu erzeugen. Neuere Berechnungen belegen, daß die aus L-Aminosäuren aufgebauten Polypeptide um ein geringes stabiler sind als die Schrauben der D-Isomere. Ein Zusammenspiel aller dieser Komponenten könnte die Dominanz der linksgedrehten Aminosäuren, Lipoide (zum Beispiel Lezithin) und anderer Bausteine der Lebenssubstanz möglicherweise erklären.

Mögliche Anwendungen und dubiose Partner

Die Herren des Patentamtes hatten inzwischen ihrerseits
Aktivitäten entfaltet, um unsere Erkenntnisse möglichen An-
wendungspartnern zu unterbreiten und sich dabei am 3. 10.
1978 auch mit einem Dr. Lutze, Vertreter der Akademie der
Landwirtschaftswissenschaften, getroffen. Der Agrarspe-
zialist meinte, daß die von uns aufgestellte Theorie der
Pflanzenzüchtung neue Impulse verleihen könnte und nann-
te folgende Anwendungsgebiete: »Die Verkürzung der Ju-
gendentwicklung eiweißreicher Pflanzen; die Erhöhung des
Eiweißgehaltes von Futterpflanzen und Kartoffeln; der Ab-
bau von Resistenzerscheinungen; die Steigerung des Zuk-
kergehalts von Rüben; die Vermeidung des Vergeilens von
Pflanzen in Phytotronen; die Steuerung der Fruchtfolge
landwirtschaftlicher Kulturen.« Außerdem übermittelte das
Patentamt mehreren Institutionen folgendes Schreiben mit
der Bitte um Stellungnahme: »Im Amt für Erfindungs- und
Patentwesen wurde ein Verfahren zur Hemmung oder För-
derung beliebiger Wachstumsprozesse zum Patent ange-
meldet. Nach diesem Verfahren können sowohl Pflanzen
als auch Mikroorganismen in ihrem Wachstum gezielt beeinflußt werden. Gleichzeitig ist die quantitative Zusam-
mensetzung von Stoffwechselprodukten steuerbar. Deshalb
erscheint eine Nutzung des Verfahrens in der landwirt-
schaftlichen Produktion erfolgversprechend. Die Patentanmeldung enthält die Beschreibung des erfindungsgemäßen
Verfahrens in allgemeiner Form. Es werden zunächst keine
direkt nutzbaren Vorschläge für die Arbeit Ihres Instituts
unterbreitet. Das resultiert einesteils aus dem umfassenden
Geltungsbereich des vorgeschlagenen Verfahrens. Andererseits sind bei so komplexen Vorgängen wie Wachstum
und Stoffwechsel eine Vielzahl von Ursache-Wirkungs-Be-
ziehungen zu beachten, die für jede Pflanzenart Spezifika
aufweisen und nur dem jeweiligen Fachmann geläufig sind.

Für die Klärung der spezifischen Wirkungen und des Nutzeffektes des vorgeschlagenen Verfahrens sind gezielte Untersuchungen am konkreten Objekt erforderlich. Zur Veranlassung der erforderlichen Untersuchungen (...) erhalten Sie die Erfindungsbeschreibung und erläuternde Bemerkungen zur Auswertung und zur Erarbeitung einer Stellungnahme.«

Die Reaktionen der Fachleute waren durchaus unterschiedlich. Während ein bekannter Biochemiker aus Halle schrieb, daß ihn die Erfindung an ein Perpetuum-mobile erinnere und der Einfluß der Erddrehung auf physikalische Phänomene seit langem bekannt und gründlich untersucht sei – auf unsere durch gegenläufige Drehung erzielten Ergebnisse verschwendete er keinen Gedanken –, äußerten sich andere Landwirtschaftsinstitute der Akademie vorwiegend positiv. Unter anderem hieß es: »Das Verfahren macht in gewissem Rahmen eine Wachstumsbeeinflussung möglich. (...) Damit wäre eine Anwendung auf Zellsuspensions- bzw. Gewebekulturen denkbar. Der Grundgedanke ist in der Biologie nicht neu. Besonders aus der sowjetischen Literatur sind Beispiele der Beeinflussung von Wachstums- und Entwicklungsprozessen durch Behandlung der Objekte im elektrischen Feld oder durch Behandlung mit magnetisiertem Wasser bekannt. Beispiel eins würde eine bestimmte räumliche Konstellation nutzen und Beispiel zwei würde auf der Zufuhr von Materie in polarisierter Form beruhen, wodurch die Entwicklung stereoisomerer Stoffe beeinflusst wird. In der bereits umfangreichen Literatur zu diesen Arbeiten gibt es ähnliche theoretische Deutungsversuche ...« Abschließend bekundeten die Verfasser des Briefes ihr Interesse, an einer Lösung innerhalb ihres Aufgabengebietes mitzuarbeiten.

Auch in den Antworten weiterer Wissenschaftseinrichtungen hatte man die Prüfung unseres Verfahrens auf dem Gebiet der Zellkultur- und Gewebeforschung empfohlen. Nach Eingang aller Stellungnahmen wurde für den 12. 2. 1980 eine Sitzung der Arbeitsgemeinschaft »Wachstumsre-

gulatoren und ihre Anwendung in der Pflanzenproduktion«
anberaumt. Die Teilnehmer trafen sich in der Akademie der
Landwirtschaftswissenschaften Berlin. Außer Dr. Ritschel
und mir, Herrn Heimlich vom Fernsehfunk und den Herren
Pobel und Theisen vom Patentamt waren noch 20 Wissenschaftler der verschiedensten Institute anwesend. Vor dem
Beginn der Sitzung rief uns Herr Pobel vom Patentamt noch
einmal zusammen und forderte Herrn Heimlich, Herrn Ritschel und mich eindringlich auf, den bereits abgedrehten
Film mit keiner Silbe zu erwähnen. Dabei wirkte er außerordentlich aufgeregt, insbesondere als er den Tagungsteil-
nehmern Herrn Heimlich – statt als Mitarbeiter des Fernseh-
funks – als Vertreter der Akademie der Wissenschaften vorstellte. Über das Motiv für diese Lüge können wir bis heute
nur Vermutungen hegen.

In der unseren Vorträgen folgenden Diskussion wurden
verschiedene Detailfragen aufgeworfen und der unzurei-
chende statistische Nachweis der durchgeführten Versuche
bemängelt. Diese Kritik war durchaus berechtigt, da wir auf
eine große Anzahl unterschiedlicher Experimente Wert gelegt hatten, um eine Trendentwicklung zu verdeutlichen und
zur Erstellung umfassender Testserien weder das Material
noch die Apparaturen besaßen. Im Sitzungsprotokoll wurde die Zusammenarbeit empfohlen und vermerkt, daß interessierte Partner weitere Kontakte selbständig aufnehmen
sollten. Als solche boten sich Professor Schreiber aus Halle
und Professor Weiß von der Ingenieurhochschule Wartenberg an. Letzterer trat nach Beendigung der Tagung spon-
tan auf uns zu, schilderte seine Erfahrungen über den Einfluß von Magnetfeldern auf Keimung und Pflanzenwachstum und lud uns für die folgenden Tage zu einem weiteren
Gedankenaustausch ein.

In den nächsten Wochen und Monaten fuhren wir wiederholt nach Wartenberg, einem kleinen Dorf am Rande Berlins. Das alte, schlichte Hochschulgebäude fügt sich harmonisch in die umliegenden Wiesen und Felder ein. Die Gespräche mit Professor Weiß drehten sich vor allem um die

biologischen Auswirkungen der Magnetfelder und die von uns beobachteten Phänomene. Dabei spielten auch die Schriften Albert Einsteins eine Rolle, der sich in seinen späten Lebensjahren wiederholt mit der Entstehung des Erdmagnetfeldes und mit dem Ursprung der kosmischen Strahlung beschäftigt hatte. Eine der interessantesten Hypothesen in diesem Zusammenhang ist die Vorstellung, daß die Erde (und vermutlich viele andere Himmelskörper) deshalb von einem Magnetfeld umgeben sei, weil sie durch die unterschiedlichen Rotationsverhältnisse zwischen Erdkruste und trägeren Innenschichten, einschließlich Kern, eine elektromagnetische Kraft induziert. Um eine solche Induktion auszubilden, muß der betreffende Himmelskörper jedoch eine Mindestgröße und eine bestimmte Rotationsgeschwindigkeit besitzen. So ist der Mars zu klein, die Venus dreht sich zu langsam und der Erdmond erfüllt keine der beiden Voraussetzungen. Ein Forschungsteam unter Professor Max Steenbeck, das sich unter anderem mit der Ergründung des vermutlich durch Turbulenzen verursachten Isoliereffekts beschäftigte, gelangte zur Annahme, daß dem Erdinneren durch sogenannte konvektive Bewegungen eine schraubenähnliche Struktur aufgeprägt sein könnte, wobei – in Anlehnung an die Corioliskraftwirkungen auf die Strömungsverhältnisse der Wetterfronten – auf der nördlichen Hemisphäre vermutlich ein »Linksgewinde« und auf der südlichen ein »Rechtsgewinde« vorherrschen dürfte.

Es erhob sich nun die Frage, ob bei unseren Drehtellerversuchen Interferenzen mit der Drehung eines anderen Feldes, etwa des Erdmagnetfeldes, auftraten. In die Diskussionen darüber bezogen wir auch ein Verfahren ein, das im US-Staat Michigan zur Behandlung von Eiern und Spermaflüssigkeiten entwickelt worden war. Die Beschreibung der von Dr. Raymond D. Amburn eingereichten Patentschrift resümiert die erzielten Ergebnisse: »Die Erfindung umfaßt ein Verfahren und eine Vorrichtung zur Behandlung von Spermatozoen mit dem Ziel, deren Aktivität zu erhöhen sowie ein Verfahren zur Erhöhung der Schlupfrate befruchteter

Vogeleier (insbesondere weiblicher Vögel). Die Erfindung dient darüber hinaus der Verkürzung der Bebrütungszeit und dem rascheren Wachstum des geschlüpften Vogels. Dieser Effekt wurde durch die magnetische Behandlung der Spermaflüssigkeit sowie der befruchteten Eier weiblicher Vögel erzielt, die mit behandeltem Sperma besamt wurden.«

In der erwähnten Patentschrift wird anhand umfangreicher wissenschaftlicher Studien der letzten Jahre nachgewiesen, daß Magnetfelder einen ausgeprägten Einfluß auf biologisches Wachstum und biologische Aktivität haben. Wie aus der US-Patentschrift 3675367 ersichtlich, ist auch die Keimungsgeschwindigkeit von Pflanzensamen sowie die Wachstumsgeschwindigkeit der daraus gezogenen Keimlinge durch Magnetkraft zu beeinflussen. Die optimale Wirkungszeit ist nicht zuletzt von der Stellung der Samenphiole im Magnetfeld abhängig. In einem der Tests wurden 48 Eier zwischen 3 bis 10 Sekunden einem Magnetfeld von 100 Gauß ausgesetzt, wobei die Eier während der gesamten Einwirkungsdauer gedreht wurden. Die Zuwachsrate der erfolgreichen Bebrütungen lag um mehr als 10% über der der unbehandelten Eier. Das deckte sich mit unseren Erfahrungen. In einem Fischereizuchtbetrieb der DDR stieg die Schlupfrate ebenfalls signifikant an, als man dort die Spermaflüssigkeit unserer Anweisung gemäß gedreht und erst anschließend mit den Eiern vermischt hatte.

Bald jedoch spürten wir, daß uns die Debatten in Wartenberg nicht wesentlich weiterbrachten. So demonstrierte Professor Weiß, daß sich zirkular-polarisiertes Licht in linear-polarisiertes umwandelt, wenn Sonnenlicht von einem Dach reflektiert wird. Das war zwar interessant, nützte uns aber ebensowenig wie die Aufforderung, Rübensamen angeblich makroskopisch erkennbarer spiegelbildlicher Formen zu sortieren, um bei weiterführenden Untersuchungen unterschiedliche Reaktionen zu testen. Dagegen fanden vereinzelte, zunächst nutzlos scheinende Informationen, wie die, daß in Tbilissi Weizensaat erst wirksam mit Lasern behandelt werden konnte, nachdem man deren Strahlen polarisiert hatte, unsere volle Aufmerksamkeit. Vielleicht lag hier eine weitere Erklärung für die unglückselige Behandlung unserer Patente. Ebenso wie man Wachstum stimulieren konnte, ließen sich ja auch negative Stoffwechseleffekte bis hin zu schweren Degenerationserscheinungen hervorrufen. Bei unseren längerfristig durchgeführten Versuchen waren bei den der wachstumshemmenden Drehung ausgesetzten Pflanzen plötzlich gehäuft Mißbildungen, insbesondere eine deutliche Zunahme monströser Blattformen, aufgetreten. Alles in allem gewannen wir in Wartenberg jedoch zunehmend den Eindruck, daß Professor Weiß eher feststellen wollte, inwiefern wir das entdeckte Phänomen bereits selbst erkenntnistheoretisch durchdrungen hatten. Warum er uns unter diesen Umständen so viel seiner kostbaren Zeit opferte, blieb uns zunächst absolut rätselhaft.

Bei einer der zahlreichen Besprechungen verließ unser Gastgeber wie üblich das Zimmer, um Teewasser aufzusetzen. Wir warteten und ließen unsere Blicke gelangweilt durch den Raum schweifen. Dabei entdeckte ich einen kleinen Zettel, der auf dem Schreibtisch lag. Dort stand: »Prämie Wachtel, Hoffmann...« – und eine Berliner Telephonnummer. Letztere schrieben wir uns ab und griffen, gleich nach unserer Rückkehr, zum Hörer. Es meldete sich eine weibliche Stimme mit der Auskunft: »Aufwand 1, Hoffmann«. Wir entschuldigten uns, daß wir uns verwählt hätten und wiederholten den Versuch. Mit demselben Ergebnis. Als wir das Telephonbuch konsultierten, stellten wir fest, daß es sich der Zahlenfolge nach um eine Rufnummer der Regierung handeln mußte, die für das öffentliche Netz nicht ausgewiesen war. Nach dieser Entdeckung verhielten wir uns Professor Weiß gegenüber ausgesprochen zurückhaltend und beendeten bald darauf unsere Besuche in Wartenberg. Die Ergebnisse waren dürftig, die Umstände mysteriös.

Daß die antike Sonnenuhr bei der Anzeige unserer rechtsläufigen Analoguhren Pate stand, darf vermutet werden. Ebenfalls in die Antike fällt die erste Erwähnung der Archimedischen Schraube (nicht zu verwechseln mit dem mathematischen Ausdruck der Archimedischen Spirale!). Diese ebenso einfache wie sinnreiche Erfindung diente dem kontinuierlichen Wassertransport über geringe Steigungen und fand vorwiegend bei der Bewässerung und Trinkwasserversorgung Anwendung. Mit steter Drehung, zu der man meist Muskelkraft einsetzte, wurde das Wasser in eigens dafür angelegte Verteilerkanäle »geschraubt« (Abb. 59). Diese primitive Konstruktion, die in einigen afrikanischen und asiatischen Ländern noch heute anzutreffen ist, wurde mit dem Aufkommen der leistungsfähigeren Pumpen allmählich verdrängt.

Die zielgerichtete Nutzung von Schraube und Spirale gab den frühen technischen Entwicklungen einen umfassenden, bis in die Gegenwart reichenden Impuls. Die Entdeckung der Schraube (in ihrer Auswirkung auf die Geschichte der Mechanik noch bedeutsamer als die des Rades) führte von primitiven Knochenbohrern und Harpunen der Altsteinzeit bis zur Konstruktion von Windmühlen und Turbinen, Flugzeugpropellern und Schiffsschrauben. Diese und zahllose andere Anwendungen bedienen sich der Raumseiten Rechts und Links, um entweder eine geradlinige Bewegung in eine Kreisbewegung oder umgekehrt, eine Drehung in eine geradlinige Bewegung zu verwandeln und so zur Fortbewegung, zur Energiegewinnung oder zum Bearbeiten von Werkstücken zu nutzen.

Eine der interessantesten Erfindungen in diesem Bereich hatte schon A. Einstein zu einem kurzen Aufsatz mit dem Titel ›Das Flettner-Schiff‹ angeregt. Die beschriebene Antriebsform geht im wesentlichen auf die von L. Euler und D. Bernoulli aufgestellten Gesetze für reibungslose Flüssigkeitsbewegungen zurück. Die Möglichkeit einer Realisierung hingegen ergab sich erst seit kurzem durch die Herstellung kleiner Motoren mit hohem Wirkungsgrad. Als grundlegendes Bewegungsprinzip von Flüssigkeiten mit zu vernachlässigender Reibung gilt, daß an Stellen größerer Geschwindigkeit ein kleinerer und an Stellen geringerer Geschwindigkeit ein größerer Druck herrscht. Unter diesem Gesichtspunkt ist auch der Flettner-Zylinder zu betrachten (in der von Einstein übernommenen Skizze von oben gesehen; Abb. 60). Befindet sich der Zylinder in Ruhe und bläst der Wind gleichmäßig aus der angegebenen Richtung, geschieht nichts. Der Wind muß um die Punkte A und B den gleichen Umweg machen, die Strömungsgeschwindigkeit ist an den gekennzeichneten spiegelbildlichen Punkten gleich, mithin auch der dort herrschende Druck. Sobald der Zylinder jedoch im Sinne des Pfeiles P zu rotieren beginnt, wird die Bewegung des Windes durch die Drehbewegung am Punkt B unterstützt und am Punkt A gehemmt, so daß die Strömungsgeschwindigkeit am Punkt B die am Punkt A übertrifft. Folglich wird der Druck bei A größer als bei B sein, und dem Zylinder wird eine von A nach B wirkende Kraft mitgeteilt, die zur Fortbewegung des Schiffes verwandt wird. Erstmals beobachtet und beschrieben wurde dieses Bewegungsphänomen übrigens von dem Berliner Physiker H. G. Magnus an der seitlichen Auslenkung von Kanonenkugeln, die auch bei völliger Windstille auftrat. Deutlich vermindert finden wir die Erscheinung auch an Tennisbällen. Verblüffend dabei ist, daß die überdimensionalen Schornsteinen ähnlichen Blechzylinder des Flettner-Schiffs für dessen Vorankommen nur rund ein Zehntel des windwirksamen Querschnitts einer ähnlich effektiven Segeltakelage benötigen. Der Meeresforscher J.-J. Cousteau hatte bereits in

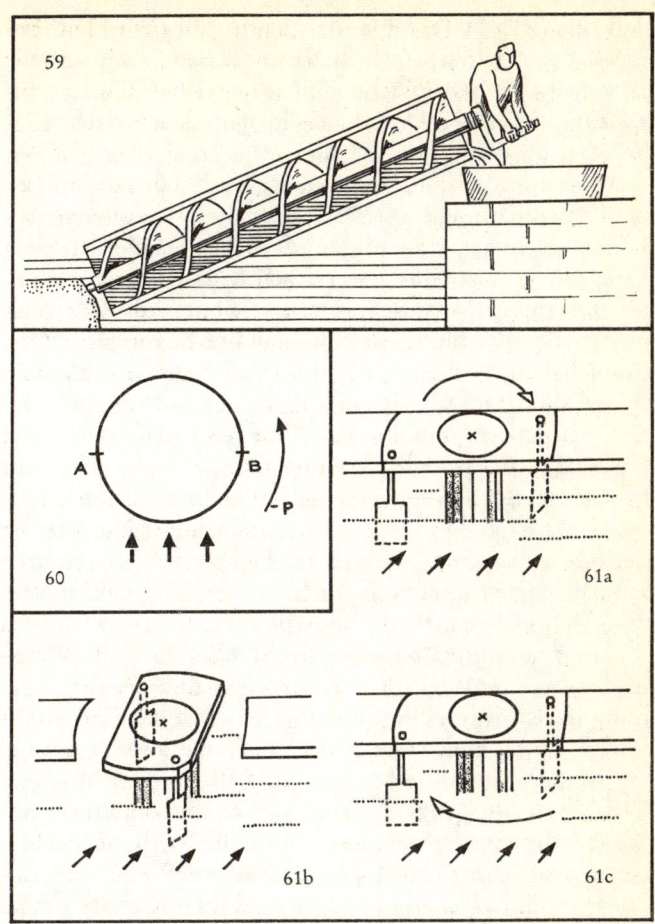

Abb. 59 Archimedische Schraube (nach Birkner); 60 Flettner-Zylinder in der Draufsicht (nach Einstein); 61 Bewegliches Brückenmodell, a) Drehsegment vor dem Öffnen, b) offen, c) wieder geschlossen

den fünfziger Jahren eine Ozeanfahrt mit dem Flettner-Schiff durchgeführt. Erst kürzlich stellte er eine verbesserte Variante als Forschungsschiff seiner ›Calypso‹ zur Seite und berichtet von Energieeinsparungen zwischen 20 bis 30 Prozent!

Nicht die Auslenkung von Kugeln, sondern die eingehende Betrachtung eines Wasserlaufs brachte vor wenigen Jahren einen vierzehnjährigen russischen Schüler auf eine Idee, die den Bau von beweglichen Brücken wahrhaft zu revolutionieren verspricht. Der traditionelle Brückentyp, jedem von uns zumindest in Gestalt der Zugbrücke altertümlicher Burgen vertraut, findet noch heute überall dort Anwendung, wo Schiffen mit überhohen starren Aufbauten, beispielsweise unserem Flettner-Schiff, die Passage kleiner Kanäle ermöglicht werden muß, welche aus städtebaulichen oder sonstigen Gründen von Straßen überquert werden. So finden wir in Amsterdam zahllose kleinere, in der Regel geteilte Brücken, deren Hälften zur Linken und zur Rechten einstmals mit der Hand, heute oft mit Motorkraft, nach oben gewunden werden.

Das Brückenmodell des jungen Mannes weicht zunächst befremdlich vom traditionellen Bild ab, die Drehung der Brücke erfolgt nicht in der Vertikalen sondern in der Horizontalen, sie besteht nicht aus zwei Segmenten sondern nur aus einem und auf Motor- oder Muskelkraft kann fast gänzlich verzichtet werden. Statt zweier Winden besitzt das auf einem Mittelpfeiler drehbar gelagerte Brückensegment zwei verstellbare Ruder, die am vorderen linken und hinteren rechten Ende befestigt sind und senkrecht ins Wasser ragen. Soll die Brücke geöffnet werden, stellt man das vordere Ruder quer und das hintere längs zur Strömung (Abb. 61a). Das Wasser drückt gegen die breite Ruderfläche und dreht das Segment solange, bis es im Winkel von 90 Grad, beide Ruder sind längsgestellt, arretiert werden kann (Abb. 61b). Um die Brücke zu schließen, wird das vordere, vorher rechte Ruder quergestellt, das hintere dem Lauf der Strömung

überlassen, und das Drehsegment kehrt in seine Ausgangslage zurück (Abb. 61 c). Ein Vorzug dieser Idee liegt
auch darin, daß sich das Tempo des Öffnens und Schlie-
ßens der Brücke in Abhängigkeit von der Strömungsgeschwindigkeit des Wassers, allein duch die Ruderstellung
regulieren läßt.

Aber auch die Fließrichtung des Wassers für sich genommen stellte immer wieder einen beliebten For-
schungsgegenstand im Rahmen des Rechts-Links-Problems dar. Ebenfalls A. Einstein war es, der sich in einer
Untersuchung mit der Mäanderbildung der Flußläufe beschäftigte, dem Phänomen also, daß Wasserläufe nicht
immer der Richtung des größten Gefälles folgen, sondern
häufig Schlangenlinien bilden. Dabei ging er von der Beobachtung aus, daß die Teeblätter in einer umgerührten
Tasse die Tendenz haben, sich in der Mitte des Bodens
abzusetzen. Da sich die Flüssigkeit an der Tassenwandung
reibt, läuft sie dort mit geringerer Geschwindigkeit um als
im Innenbereich. Desgleichen ist die Geschwindigkeit am
Tassenboden geringer als die im darüberliegenden Bereich. (Das Resultat ist die in Abb. 62a dargestellte Flüssigkeitsbewegung.) Bei einer Flußbiegung (Abb. 62b)
wird sich aus ähnlichen Gründen (an der Innenseite wird
das Wasser langsamer bewegt, denn von A nach B wirkt
eine Zentrifugalkraft) die im Querschnitt dargestellte Zir-
kulationsbewegung ausbilden. Dabei strömt das Wasser
im oberen Bereich (also von A nach B) rascher als im
unteren (von B nach A), da sich das Wasser dort direkt
über den Flußgrund bewegt. Infolgedessen wird die Ero-
sion an der rechten Seite des Flußbettes ausgeprägter sein
als am linken, und auch der rechte Teil des Bodens wird
stärker abgetragen werden, so daß die Neigung besteht,
das in Abb. 62c gezeigte Flußprofil auszubilden. Durch
die Trägheit des strömenden Wassers wird die dargestellte
Zirkulation jedoch erst hinter der Flußbiegung am stärk-
sten sein, so daß nun eine die Linksbiegung in Abb. 62b
aufhebende Rechtsbiegung entsteht – und umgekehrt.

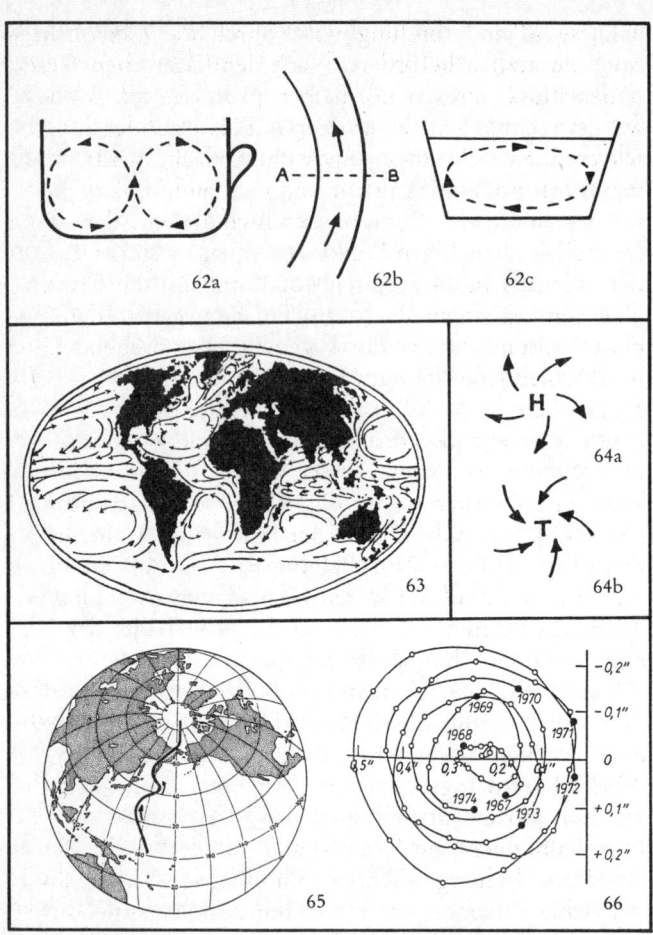

Abb. 62 a) Flüssigkeitsbewegung in einer Tasse, b) Strömung einer Flußbiegung, c) wie b) im Querschnitt (nach Einstein); 63 die wichtigsten Meeresströmungen (schematisiert, nach Schott); 64 Klimawirbel auf der Nordhalbkugel, a) Hochdruck-, b) Tiefdruckgebiet; 65 Wanderung des paläomagnetischen Nordpols in den letzten 600 Millionen Jahren; 66 Polbewegung in den Jahren 1967 bis 1974 nach Angaben des Internationalen Zeitbüros (Nullpunkt: konventioneller mittlerer Nordpol)

Diese Mäanderbildung wird durch die Corioliskraft noch zusätzlich befördert. Nach dem Baerschen Gesetz haben Flüsse auf der nördlichen Erdhälfte die Tendenz, auf der rechten Seite zu erodieren, Flüsse auf der Südhälfte verhalten sich entgegengesetzt. Ursache dafür ist die vom Nordpol zum Äquator und vom Südpol zum Äquator zunehmende Rotationsgeschwindigkeit der Erde. (Auf einem beliebigen Punkt des Äquators stehend, würden wir uns in 24 Stunden 40 000 km um die Erdachse bewegen, an einem Punkt am Pol hingegen in den gleichen 24 Stunden nur einmal um uns selbst drehen.) Diese unterschiedlichen Rotationszonen müssen bei längeren Flugrouten in Pol-Richtung berücksichtigt und durch eine entsprechend gedrosselte Geschwindigkeit ausgeglichen werden. In Form des Corioliseffekts – der Erdträgheitskraft – wirken sie auf Flüsse und Wasserströmungen (Abb. 63), lassen die Wirbel der Hoch- und Tiefdruckgebiete (hier auf der Nordhalbkugel; Abb. 64) entstehen und sind sogar an der Herausbildung von Zyklonen und Tornados beteiligt, die sich auf der Nordhälfte der Erde entgegen dem Uhrzeigersinn drehen.

Die in diesem Kontext immer wieder aufgeworfene Frage nach der Strudelrichtung des abfließenden Wassers eines Beckens oder einer Wanne kann nach den von A. H. Shapiro angestellten Experimenten so beantwortet werden: Grundsätzlich gilt, daß der Strudel auf der Nordhalbkugel eine Rechts- und auf der Südhalbkugel eine Linksdrehung beschreiben müßte, aber... Die diversen »aber« hängen unter anderem vom Wannendurchmesser und von der Einfließrichtung ab. Gerade für letztere haben die Wassermoleküle ein ganz hervorragendes »Erinnerungsvermögen«. Des weiteren spielt auch die Höhe des Wasserstandes eine Rolle. Unmittelbar vor dem Ausströmen der Flüssigkeit kehrt sich die Richtung des Strudels nämlich auf geheimnisvolle Art und Weise um.

Selbst für die Entstehung des Erdmagnetfeldes wird die

durch die Corioliskraft hervorgerufene Rotation unterschiedlich gearteter mehr oder weniger dickflüssiger Erdinnenschichten verantwortlich gemacht, die dadurch eine elektromagnetische Kraft induzieren. Einen Beleg für diese Hypothese sehen manche Wissenschaftler in dem Umstand, daß die Magnetpole der Erde wandern. Der paläomagnetische Nordpol lag vor etwa 600 Millionen Jahren ungefähr auf dem Äquator (Abb. 65), verschob sich allmählich zum geographischen Pol, beschreibt aber auch heute noch eine deutlich meßbare Bahn entgegen dem Uhrzeigersinn (Abb. 66). Der Elektromagnetismus beschränkt sich indes nicht nur auf die Erde. Selbst die Sonne besitzt Magnetpole, die sich aus bislang unbekannten Gründen sogar von Zeit zu Zeit umkehren. Und womöglich wird man eines Tages selbst im Rahmen unserer Milchstraße, die als spiralförmiger Sternennebel eine stete Kreisbewegung vollführt, eine Art elektromagnetischer Wechselwirkungen nachweisen können.

Das Magnetfeld unseres Heimatplaneten steht mit einer Rechts-Links-Asymmetrie in Verbindung, die vor gar nicht allzu langer Zeit für beträchtliches Aufsehen sorgte – dem Machschen Paradoxon. Zuvor sei daran erinnert, daß der auf einer Kompaßnadel mit »N« markierte Abschnitt in Wirklichkeit ihr magnetischer Südpol ist, andernfalls würde sie schwerlich nach Norden weisen. Der berühmte deutsche Physiker E. Mach berichtete in seinem 1883 erschienenen klassischen Buch zur Mechanik über den tiefen Schock, den der naturwissenschaftlich gebildete Zeitgenosse empfand, als er zum erstenmal von dem seltsamen Verhalten einer auf stromdurchflossenen Leitern liegenden Kompaßnadel hörte. Wird ein Draht nämlich in Süd-Nord-Richtung ausgelegt, schlägt die Kompaßnadel, je nach Richtung des Stromflusses, einmal nach links und einmal nach rechts aus, weist also im ersten Fall nach Westen, im zweiten nach Osten (Abb. 67). Den Forschern bereitete dieses Experiment insofern Kopfzerbrechen, als sich das Theorem der völligen

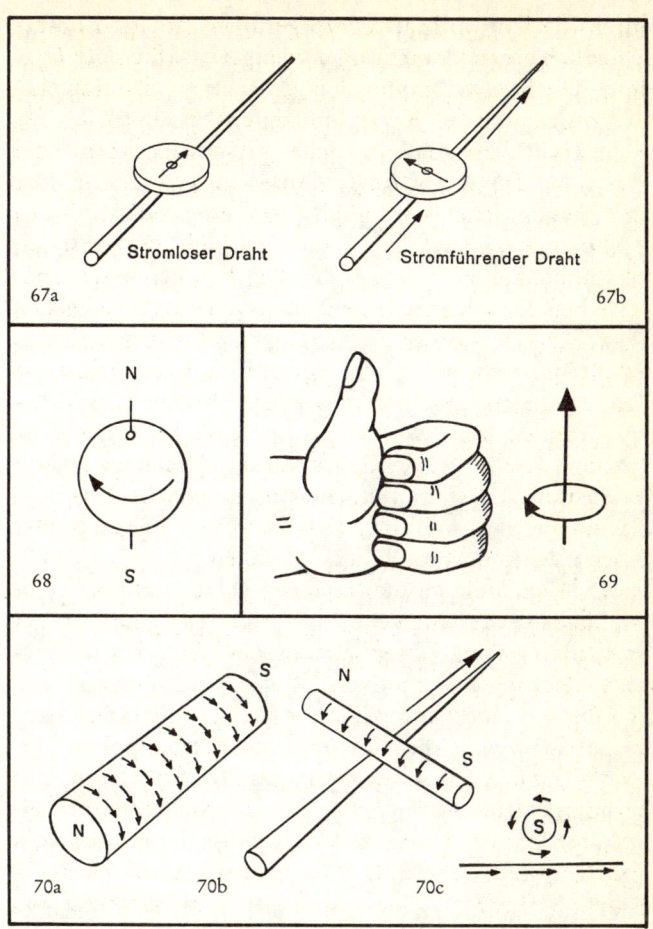

Abb. 67 a, b) Auslenkung der Kompaßnadel auf einem stromdurchflossenen Leiter – Machsches Paradoxon; 68 magnetisches Spinmoment des Elektrons; 69 Handregel: hier linkshändige Bewegung; 70 a) symbolische Darstellung eines Stabmagneten, b, c) Wiederherstellung der Symmetrie bei dem Experiment mit Stromleiter und Magnetnadel (nach Gardner)

Gleichwertigkeit von Links und Rechts unter diesen Umständen kaum aufrechterhalten ließ. Man suchte also fieberhaft nach einer Erklärung, um dem Ideal der vollkommenen Symmetrie, das die Physik seit ihrer Entstehung begleitet hatte, wieder zu altem Glanz zu verhelfen. Die Lösung des Rätsels kam ein halbes Jahrhundert später in Gestalt des noch heute gültigen Bohrschen Atommodells. Die Elektronen umkreisen den Atomkern und vollführen dabei eine zusätzliche Eigenrotation – den Spin (Abb. 68). Dieser Spin wird – in Analogie zur Schraube im technischen Bereich – mit der Linken- oder Rechten-Hand-Regel erklärt. Folgt die angenommene Drehrichtung des Elementarteilchens den Fingern und seine Translation dem aufgestreckten Daumen der geschlossenen rechten Hand, so spricht man von einer rechtshändigen, andernfalls von einer linkshändigen Bewegung (Abb. 69).

Durch die Bahnbewegung und den Spin der Elektronen, den übrigens auch andere Elementarteilchen, ja sogar der Atomkern selbst besitzen, werden elektromagnetische Felder erzeugt. Magnetisiert man einen Eisenstab, richten sich die unterschiedlich liegenden Magnetachsen der Elementarteilchen in eine Richtung aus, und es entsteht ein starkes resultierendes Feld. Die Magnetnadel mit ihren einheitlich vertikal kreisenden Elektronen wird sich also solange drehen, bis der Spin der Elektronen mit dem Stromfluß des unterlegten Drahtes übereinstimmt (Abb. 70a–c).

Damit hatte man sich einer auffälligen Rechts-Links-Asymmetrie im makrophysikalischen Bereich entledigt. Wenige Jahre später sollte das Problem in der Atomphysik erneut auftauchen.

Es waren Monate vergangen und noch immer hatten wir von keinerlei Reaktion seitens des angesprochenen Forschungsrates der Akademie der Wissenschaften gehört. So schlug Dr. Ritschel vor, den Vorsitzenden des Rates, Professor Steenbeck, persönlich aufzusuchen. Dieser erklärte sich sofort zu einem Treffen bereit und lud uns in seine Amtsräume am Alexanderplatz ein. Professor Steenbeck war über unsere Arbeiten bestens informiert, erkundigte sich aufmerksam nach Details und ermutigte uns. Während dieses straffen, sachbezogenen Gesprächs betonte der bekannte Physiker, daß er die Erforschung des Linksphänomens für hochinteressant und wichtig halte, warnte jedoch zugleich vor allzu weitreichenden physikalischen Interpretationen. Diese wären in der gegenwärtigen Phase nicht vonnöten und vermutlich kaum zu erbringen. Im übrigen empfahl er uns, die bisher zusammengetragenen Ergebnisse zu veröffentlichen, da sie nur weltweit aufgegriffen zu einer umfassenden theoretischen Erklärung führen könnten. Ein Land allein sei dazu schwerlich in der Lage. Wir wiesen ihn darauf hin, daß diese Meinung zu den im Patentamt vertretenen Ansichten in krassem Widerspruch stehe. Professor Steenbeck versprach daraufhin, sich für die Angelegenheit zu verwenden und bot uns weitere Begegnungen an. Davon machten wir auch mehrere Male dankbar Gebrauch.

Als uns das Patentamt auf erneute Intervention schriftlich mitteilte, daß der Vertraulichkeitsgrad unseres Patents jedwede Form wissenschaftlicher Publikation ausschlösse, sprachen wir abermals bei Professor Steenbeck vor. Wir waren noch nicht dazu gekommen, unser Anliegen vorzutragen, als das Telephon klingelte. Mit dem Hinweis, daß dies ein Direktapparat zum Ministerrat sei, wurden wir höflich gebeten, den Raum zu verlassen. Als uns Professor Steenbeck einige Minuten später wieder hereinbat, eröffnete er uns, daß er gerade eben vom Präsidenten des Patentamtes angerufen worden sei. Dieser habe ihm mitgeteilt, daß unsere Patentschrift nicht länger geheim sei. »Aber«, so schloß er, »das ist Ihnen ja gewiß nicht neu.« Auf unsere erstaunte Feststellung, daß wir ihn aufsuchen würden, weil uns ausdrücklich versichert worden war, daß sich an dem unglückseligen Status unserer Arbeit nichts geändert habe, ja wir dies sogar gerade schwarz auf weiß bekommen hätten, reagierte auch Professor Steenbeck sehr verwundert und meinte nur: »Na sowas? Der Hämmerling bescheißt mich doch sonst nicht...« Gleich am nächsten Morgen wurde die angebliche Freimeldung des Patents dementiert. Bei anderer Gelegenheit hatten wir festgestellt, daß auch Briefe verschwunden waren. Wir mußten erleben, wie selbst der Vorsitzende des Forschungsrates der Akademie der Wissenschaften hintergangen und getäuscht wurde. Dafür erfuhren wir von Professor Steenbeck eine andere sensationelle Neuigkeit. Unsere Experimente wurden in abgewandelter Form inzwischen in sowjetischen Raumschiffen unter den Bedingungen der Schwerelosigkeit, also einer minimalen Gravitation, nachvollzogen. An der Vorbereitung sei unter anderem das Neustrelitzer Institut für Astrophysik beteiligt gewesen. Hier lag womöglich der Schlüssel zu den Mysterien, die uns auf Schritt und Tritt begleitet hatten. Leider konnten wir näheres nicht mehr erfahren. Professor Steenbeck starb wenige Wochen darauf und ließ uns mit vielen unbeantworteten Fragen zurück. Wir bedauerten sehr den Verlust dieses großartigen Menschen, der Sachlichkeit, Aufrichtigkeit und kühle Präzision im Denken auch unter komplizierten gesellschaftlichen Bedingungen zu vereinen verstand und uns immer wieder an die Ethik des Wissenschaftlers erinnerte.

Zum Schluß hatte er durch persönliche Einflußnahme noch erreicht, daß das Patent einen niedrigeren Geheimhaltungsgrad erhielt und als »Vertrauliche Dienstsache« eingestuft wurde. Auch erging ein Auftrag an den Vorsitzenden der Biologengruppe des Forschungsrates, Herrn

Professor Taubeneck im Zentralinstitut für Mikrobiologie und experimentelle Therapie, eine eingehende Prüfung unserer bisherigen Tests mit weiteren Schlußfolgerungen zu veranlassen. Dieser Auftrag war über den Minister für Wissenschaft und Technik erfolgt. Leider konnten wir trotz intensiver Bemühungen nicht in Erfahrung bringen, wer mit der Begutachtung betraut worden war, wie wir auch nie zu einem fachlichen Dialog auf dieser Ebene gekommen sind.

Dafür engagierte sich der ärztliche Direktor des Klinikums Berlin Buch, OMR Professor Dr. Hendrik für unsere Arbeit und wandte sich aus eigenem Antrieb an mehrere übergeordnete Stellen, um Unterstützung für uns zu erwirken. Eines Tages erhielten wir einen Brief des damaligen Gesundheitsministers Professor Dr. sc. Mecklinger, in dem er sich für unsere Untersuchungen bedankte und versprach, eine Prüfung von Experten durchführen zu lassen. Darüber hinaus wurde uns eine Unterredung mit dem Leiter der Forschungsabteilung beim Ministerium für Gesundheitswesen, Dr. B. Schönheit, in Aussicht gestellt.

Als Ergebnis dessen wurden wir am 11. März 1980 zu einer Beratung in das Zentralinstitut für Krebsforschung der Akademie der Wissenschaften eingeladen. Die Veranstaltung verlief jedoch höchst eigentümlich. Der einladende Professor Dr. Dr. Tanneberger erschien nicht, obwohl er im Hause war. Alle anwesenden Wissenschaftler, Dr. Kreßner aus der Hauptabteilung Forschung des Ministeriums für Gesundheitswesen, Professor Dr. Schmidt vom Klinikum Buch, Dr. Arndt, Dr. Schwabe und Dr. Tschiersch vom Zentralinstitut für Krebsforschung (ZIK) sowie Professor Pasternak vom Forschungszentrum für Molekularbiologie bei der Akademie der Wissenschaften weigerten sich, die Leitung der Diskussion zu übernehmen und wollten mit dem Thema im Grunde nichs zu tun haben. Auch unsere Bitte, die weitere Arbeit und statistische Absicherung unserer Experimente durch die Lieferung neuer Krebszellkulturen zu unterstützen, wurde mit der Feststellung abgewiesen, daß es erst Hilfe gäbe, wenn unsere Thesen umfassend bewiesen wären. Mein Einwand, daß wir die besagte Unterstützung ja gerade zur weiteren Beweisführung benötigten, fand kein Gehör. Das Zentralinstitut verweigerte aus uns völlig unbegreiflichen Gründen jede Zusammenarbeit, obwohl wir mit den bisherigen Untersuchungen deutliche Ansatzpunkte für eine unterstützende Krebstherapie geliefert hatten, die zudem durch die Geraer Erfahrungen untermauert worden waren.

Wir wollten uns mit diesem Resultat nicht abfinden und wandten uns deshalb an den ehemaligen Direktor des Krebsforschungsinstitutes Professor Dr. Graffi, der in der internationalen Krebsforschung hohes Ansehen durch seine Beiträge über den Zusammenhang zwischen Virenbefall und Tumorentstehung genoß. In seinem Haus in Karow bei Berlin kam es zu einem längeren Gespräch, in dem wir unsere Überlegungen ausführlich darlegten. Professor Graffi fand die Ideen zur Krebsproblematik hochinteressant und bedauerte, daß er nicht mehr Direktor des Instituts sei, da er sonst unverzüglich in eine Zusammenarbeit eingestiegen wäre. Er verlangte, daß die Krebszellentests, die zu stark differierenden Wachstumsreihen auf dem rechten und linken Drehteller geführt hatten (wir legten ihm auch Fotografien des mutierten Untersuchungsguts vor), unbedingt wiederholt werden müßten und verwies uns an seinen Nachfolger, Professor Tanneberger.

Doch da wurden wir erneut abgewiesen. Obwohl wir mehrere angenommene Patente (unter anderem zur Beeinflussung des Tumorzellenwachstums durch Isomere) vorlegen und unsere Ideen mit erfolgreichen Testserien belegen konnten, wurde uns vom Institut, das jährlich über Millionenbeträge für die Forschung verfügte, eine Unterstützung in Höhe von wenigen hundert Mark verweigert. Die Gründe dafür waren jedoch vermutlich weniger im Wissenschaftsbereich zu suchen. Darauf machte uns eine entlarvende Bemerkung von Herrn Pobel aufmerksam, der eine im Patentamt begonnene Auseinandersetzung über die mögliche Anwendung in der Krebsforschung unwirsch abbrach und rief:

»So lassen Sie doch endlich die verdammte Krebsgeschichte aus dem Spiel, die Verteidigungsproblematik hat Vorrang!«

Bereits G. W. Leibniz postulierte, daß Links und Rechts physikalisch nicht zu unterscheiden seien. Diese Regel von der Parität wurde lange Zeit als eine der Säulen der modernen Naturwissenschaft angesehen. 1957 nun mußte sie von der Liste der allgemeingültigen Gesetzmäßigkeiten gestrichen werden. Was war geschehen?

Schuld war eine Gruppe von Elementarteilchen, die Kaonen oder K-Mesonen. Es stellte sich nämlich heraus, daß diese K-Mesonen offenbar zwei verschiedenen Klassen angehören mußten, denn die als Theta-Mesonen bezeichneten Teilchen zerfielen in zwei und die sogenannten Tau-Mesonen in drei Pionen. Das Vertrackte daran war, daß beide Klassen in allen relevanten Parametern, wie Ladung, Masse und Lebensdauer, vollkommen übereinstimmten. Die Kernphysiker suchten fieberhaft nach weiteren Unterscheidungskriterien, denn daß es sich beim Theta- und Tau-Meson um ein und dasselbe Elementarteilchen handeln könnte, welches einmal in eine gerade und einmal in eine ungerade Anzahl von Pionen zerfiel, kam den meisten von ihnen gar nicht erst in den Sinn. Eine Abweichung von der als Universalgesetz anerkannten Paritätserhaltung zu vermuten, wäre etwa ebenso ketzerisch gewesen, wie auf einem Kongreß über Gravitationsforschung steif und fest zu behaupten, daß die Äpfel in einer bestimmten Region der Erde grundsätzlich nach oben fallen. Bei der Beschäftigung mit dem Theta-Tau-Problem stellten zwei junge Amerikaner chinesischer Abstammung, die Physiker Tsung-Dao Lee und Cheng-Ning Yang, fest, daß man den Erhalt der Parität offenbar für derart selbstverständlich erachtet hatte, daß noch kein einziges Experiment zu dieser Thematik durchgeführt worden war. Sie forderten zu Untersuchungen auf, die klar und eindeutig belegen würden, ob schwache Wechselwirkungen zwischen Links und Rechts unterscheiden. Ihr Artikel in der ›Physical Review‹ wurde von manchem Kollegen belächelt, von der Mehrheit jedoch schlicht ignoriert.

Nur wenige waren ernsthaft bereit, sich mit einer solchen Arbeit zu beschäftigen. Unter diesen befand sich die damals wohl prominenteste lebende Physikerin, Frau Chien-Shiung Wu von der Columbia-Universität. Sie führte Experimente mit Kobalt 60 duch, einem hochradioaktiven Isotop, das kontinuierlich Elektronen aussendet. Kühlt man das Kobalt-Isotop bis nahe dem absoluten Nullpunkt ab, lassen sich mehr als die Hälfte der Kerne in einem starken elektromagnetischen Feld einheitlich ausrichten. Die unter diesen Bedingungen ausgesandten Beta-Teilchen werden also nach Norden bzw. Süden ausgesandt. Nach dem Paritätserhaltungssatz hätte die Teilchenstrahlung in beide Richtungen gleich sein müssen.

Da Frau Professor Wu in ihrer Universität nicht über die Anlagen verfügte, die eine Abkühlung bis nahe Null Grad Kelvin ermöglicht hätten, führte sie ihr bahnbrechendes Experiment am Washingtoner National Bureau of Standards durch. Und ihre Untersuchungen führten zu dem Ergebnis, daß ein Elektron mit größerer Wahrscheinlichkeit nach Süden als nach Norden eines Kobalt-60-Kerns ausgestoßen wird. Von der Eigenrotation des Atomkerns und dem Spin der Teilchen ausgehend, wurde auch von einer Bevorzugung der linken Seite gesprochen. Damit war das Gesetz von der Erhaltung der Parität über Nacht seiner Allgemeingültigkeit beraubt. Die Natur offenbarte sich plötzlich als Linkshänderin.

Um zu veranschaulichen welche Bedeutung dieser Entdeckung von Naturwissenschaftlern beigemessen wurde, mögen hier zwei Briefauszüge von W. Pauli, dem namhaften Züricher Professor für Theoretische Physik stehen. Pauli schrieb damals, im Januar 1957, wenige Tage vor den von Frau Wu angekündigten Experimenten:

»Ich glaube nicht daran, daß Gott ein schwacher Linkshänder ist, und ich bin bereit, eine große Summe darauf zu verwetten, daß die Experimente Resultate liefern werden, die das Vorhandensein einer Symmetrie belegen.«

Als die sensationellen Ergebnisse der Columbia-Universität öffentlich bekanntgegeben und durch Kontrollmessungen an My-Mesonen untermauert worden waren, als kurze Zeit darauf auch ein Experiment an der Chicagoer Universität, bei dem der Zerfall von Pi- und My-Mesonen untersucht wurde, nachdrücklich die grundsätzliche Verletzung der Parität im Bereich der schwachen Wechselwirkungen bestätigte, notierte der völlig konsternierte Pauli:

»Jetzt, nachdem die erste Erschütterung vorüber ist, beginne ich zu mir zu kommen. Tatsächlich war alles äußerst dramatisch. Am Dienstag, dem 21. um 8 Uhr abends hatte ich vor, eine Vorlesung über die Neutrino-Theorie zu halten. Um 5 Uhr abends erhielt ich drei experimentelle Arbeiten. (Berichte über Versuche zur Parität)... Ich bin weniger davon erschüttert, daß Gott die linke Hand bevorzugt, als davon, daß er als Linkshänder die Symmetrie zwischen rechts und links beibehält, wenn er sich stark gibt. Kurzum, das eigentliche Problem scheint mir jetzt in der Frage zu liegen: Warum sind starke Wechselwirkungen links-rechts-symmetrisch?«

Sein indischer Berufskollege Abdus Salam formulierte: »Meines Erachtens haben wir jetzt entdeckt, daß der Weltraum ein schwacher, nur linksäugiger Riese ist.«

Pikanterweise war bereits 1928 eine Verletzung der Parität beim Zerfall eines radioaktiven Isotops entdeckt und beschrieben worden, aber offenbar fügte sich das Ergebnis in keine der damaligen wissenschaftlichen Konzeptionen ein unf fiel bald darauf wieder dem Vergessen anheim. Seit 1946 wurden photographische Aufnahmen angefertigt, die deutlich ein stets wiederkehrendes Ungleichgewicht beim Mesonenzerfall belegten und Hunderte, ja Tausende Physiker hatten diese Bilder betrachtet, ohne die neu entstehenden Elementarteilchen einmal durchgängig auszuzählen.

Die Versuche von Frau Wu belegten einerseits, daß man sich das Atommodell fortan nicht mehr als energetische Kugel, sondern eher als Kegel zu denken hatte und ließen andererseits vermuten, daß man nunmehr endlich über eine eindeutige Beschreibung für Rechts und Links verfügte. Wie schon erwähnt, dreht sich die Kompaßnadel über einem elektrischen Leiter nach Westen (links), wenn der Stromfluß vom Süd- zum Nordpol geht und nach Osten (rechts), wenn das Umgekehrte der Fall ist. So lassen sich mit Hilfe des nahe Null Grad Kelvin abgekühlten Kobalt-60-Isotops zunächst einmal Nord und Süd und anschließend Links und Rechts definieren. Das Ozma-Problem, das ganze Wissenschaftlergenerationen beschäftigt hatte, schien endlich gelöst. Leider war dem nicht so.

Schon sehr bald fiel bei allen Zerfallsprozessen der Elementarteilchen auf, daß der Wechsel von Rechts nach Links und umgekehrt mit einer Änderung des Vorzeichens der elektrischen Ladung einherging. In unserer Welt ist dieser Wechsel in Bezug auf Vorzeichen, Ladung und Drehrichtung durch die positive Ladung der Protonen und die nagative der Elektronen bedingt. In einer als Pendant zu unserer Erde angelegten Antiwelt aus Antiprotonen und Positronen jedoch müßte sich zwangsläufig auch Rechts und Links verkehren. Solche Masseteilchen würden den gleichen Naturgesetzen gehorchen und dieselben Energieniveaus und -zustände wie gewöhnliche Teilchen und Atome besitzen. Um uns mit den Bewohnern einer fernen Galaxis unter diesen Umständen über Rechts und Links verständigen zu können, müßten wir also zunächst einmal klären, ob unsere Gesprächspartner auf einem Materie- oder Antimaterieplaneten leben. Und das möglichst aus der Ferne – denn im ungünstigen Fall würde von unserem Raumschiff nicht viel übrigbleiben: Bei der Zerstrahlung eines Elektron/Positron-Paares in zwei Photonen wird bekanntlich die gesamte Masse, also Ruheenergie und kinetische Energie der Teilchen, auf einen Schlag freigesetzt.

Bei eingehenderen Untersuchungen des Beta-Zerfalls entdeckten die Kernphysiker auch zwei neutrale Teilchen, die sich mit Lichtgeschwindigkeit fortbewegen: das Neutrino und das Antineutrino. Da diese Teilchen weder Masse noch Ladung besitzen und überdies nur mit Lichtgeschwindigkeit auftreten, wurden sie oft humorvoll als »reiner Spin« bezeichnet und mit Alices Grinsekatze verglichen – deren Grinsen ja selbst dann noch in der Luft hing, als die Katze selbst längst verschwunden war. Das Neutrino existiert übrigens nur in der linkshändigen, das Antineutrino nur in der rechtshändigen Form.

Kaum sieben Jahre später sah man sich einem ganz ähnlichen Dilemma wie dem Sturz der Parität gegenüber – der Verletzung der Zeitumkehr. Der Nobelpreisträger T. D. Lee hatte von der Spiegelung und damit verbundenen Vertauschung der Ladungen gesprochen. Eng verknüpft mit dem Übergang von Teilchen zu Antiteilchen schlossen die Physiker daraufhin auch auf eine gespiegelte Zeit und führten die Zeitumkehr T als Rechengröße ein. 1964 stellte sich nun heraus, daß das durch den K-Mesonen-Zerfall verursachte 3:2-Übergewicht ausgestrahlter Pionen nicht nur in eine bevorzugte Richtung, sondern auch in einer bevorzugten Zeit erfolgte. So wurde nachgewiesen, daß der linksgerichtete Zerfall an K-Mesonen ebenfalls zu zwei Pionen führen kann – jedoch etwa $1,4 \times 10^3$ mal seltener als zu drei Pionen! Hieraus schlossen viele Forscher auf eine Verletzung der Zeitumkehr und interpretierten dies als nicht mehr und nicht weniger als den experimentellen Nachweis für den bevorzugten Zeitverlauf in unserem Sonnensystem.

Darauf, daß es offenbar energetische Unterschiede zwischen links- und rechtsdrehenden Isomeren gibt, wurde bereits verwiesen. Wie aber lassen sich diese erklären?

Die Wechselwirkungen sämtlicher Elementarteilchen

beruhen auf vier verschiedenen Kräften: der Schwerkraft, der für chemische Reaktionen bedeutsamen elektromagnetischen Kraft, der für den Kernzusammenhalt der Atome verantwortlichen starken Kernkraft und schließlich der schwachen Kernkraft. Ende der sechziger Jahre entwickelten die drei Kernforscher St. Weinberg, A. Salam und Sh. L. Glashow eine »Vereinheitlichte Theorie der elektromagnetischen und schwachen Wechselwirkung«, in der sie die sogenannte elektroschwache Kraft zwischen den Elektronen und den Protonen bzw. Neutronen voraussagten. Ihre Theorie, für die sie 1979 den Nobelpreis erhielten, wurde 1983 experimentell bestätigt. Der Kerngedanke, welcher sich auch zur Erklärung für das unterschiedliche Energieniveau zwischen L- und D-Aminosäuren anwenden läßt, lautet vereinfacht: Die elektroschwache Wechselwirkung unterscheidet zwischen Links und Rechts über schwache geladene und schwache neutrale Ströme. Die Stärke dieser Ströme zwischen zwei Elementarteilchen – die man als W- und Z-Kräfte bezeichnet – hängen vom Abstand der beiden Teilchen und von ihren schwachen Ladungen sowie den aus ihnen resultierenden An- bzw. Abstoßungskräften ab. Während die schwache W-Ladung für ein linkshändiges Elektron einen gewissen Betrag hat, ist sie für ein rechtshändiges Elektron gleich Null und zeigt deshalb auf letzteres keine Wirkung (daher auch die Aussendung vorwiegend linkshändiger Elektronen beim Beta-Zerfall).

Z-Ladungen hingegen besitzen sowohl links- als auch rechtshändige Elektronen – allerdings sind diese dann unterschiedlich gerichtet. So wirkt die Z-Kraft zwischen hochenergetischen rechtshändigen Elektronen und Atomkern anziehend, für linkshändige aber abstoßend. Die wichtigste Auswirkung der K-Kraft ist, daß die Elektronen bei ihrer Bewegung um den Atomkern von einer Kreis- (Abb. 71b) zu einer Schraubenbahn (Abb. 71c) übergehen, die das Atom chiral werden läßt (die Rechts-Links-Einstufung einer Kreisbahn hängt, wie wir wissen,

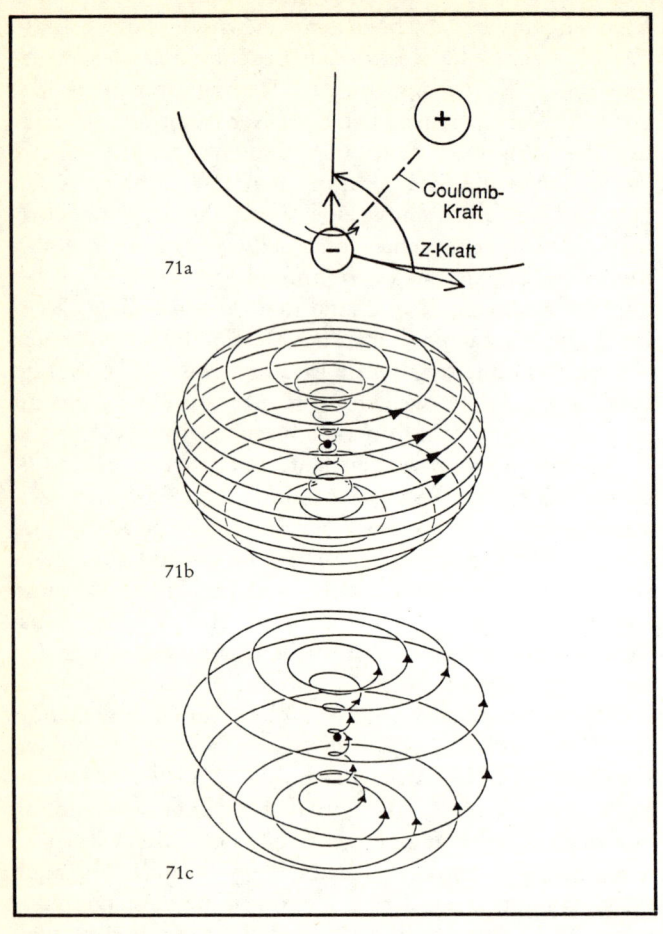

Abb. 71 Wirkung der Z-Kraft, a) auf ein mit Aufwärtsspin um den Atomkern kreisendes Elektron, b) ohne Z-Kraft würde das Elektron eine Kreisbewegung beschreiben, c) durch die Z-Kraft jedoch wird es gezwungen, sich entlang seiner Spin-Achse auszurichten, es entsteht eine Spiralbahn. (nach Hegstrom/Kondepudi)

vom Standpunkt des Betrachters ab, die einer Schraube nicht). Durch die entgegengesetzte Wirkung der Z-Kraft auf links- und rechtshändige Elektronen, weisen die Isomere Molekülstrukturen mit geringfügigen Unterschieden auf: Das L-Isomer liegt energetisch tiefer als das D-Isomer. Freilich ist dieser Unterschied verschwindend gering. St. F. Mason und G. E. Tranter vom Kings-College in London wiesen Mitte der 80er Jahre an Hand von Berechnungen nach, daß die biologisch dominanten L-Aminosäuren einen niedrigeren Energiezustand besitzen, als die entsprechenden D-Formen. In einer razemischen Mischung betrug der durch den energetischen Unterschied zu erwartende Überschuß an L-Isomeren allerdings gerade ein einziges auf 10^{17} Moleküle! R. A. Hegstrom und D. K. Kondepudi von dem Chemie Departement der Wake-Forest-Universität (North-Carolina) vertreten in ihren Arbeiten zur Chiralität die Ansicht, daß dieses winzige Gefälle zusammen mit anderen energetischen Faktoren durchaus dazu beigetragen haben konnte, daß sich nahezu homogene linkshändige Bereiche überall dort ausbildeten, wo aus der sogenannten Ursuppe Leben entstand.

Das vorläufige Ende der Arbeiten und die Herausforderung an die Zukunft

Nach der erwähnten Aussprache mit den Landwirtschafts-experten hatten wir auf Wunsch von Professor Schreiber dem Institut für Biochemie der Pflanzen in Halle unsere genauen Versuchsbedingungen übermittelt. Es war geplant, die Experimente in Halle zu wiederholen und die Resultate mit den uns vorliegenden Zahlenreihen zu vergleichen. Nach Abschluß der dortigen Laborarbeiten sollten wir laut Vertrag eine Kopie der Untersuchungsprotokolle erhalten. Die pauschale Vorauskunft verwunderte uns in höchstem Maße, denn angeblich wären keinerlei Unterschiede zwischen den rechts und links gedrehten Pflanzenproben festzustellen gewesen.

Dr. Ritschel nahm die Protokolle der Versuche am Institut für Biochemie der Pflanzen zum Anlaß, sich nach Halle zu begeben, um mit Professor Schreiber einen Vergleich der experimentellen Daten vorzunehmen. Professor Schreiber ließ mitteilen, daß er verhindert wäre und verwies ihn an Professor Semder, der mit der Durchführung der Experimente beauftragt worden war. Dabei kam folgendes heraus: Im ersten Versuch, bei dem man sich strikt an unsere Vorgaben gehalten hatte, war das Ergebnis dem unseren gleich – das Längenwachstum der Bohnenpflanzen in der rechtsgedrehten Schale war größer als das in der linksgedrehten. Hier die Hallenser Zahlen:

Ruheprobe	linksgedreht	rechtsgedreht
5,5	4,0	6,0
15,0	13,4	14,4
18,0	18,3	19,0

Der zweite Versuch lief über nur 24 Stunden. Nach dieser kurzen Zeit war natürlich keinerlei signifikante Aussage möglich. In allen weiteren Versuchen wurden, entgegen unserer ausdrücklichen Anweisung, Nährstofflösungen zugesetzt, die die geringen Wachstumseffekte überdeckten. Des weiteren wurden nicht mehr Bohnensamen, sondern eine institutsübliche zweikeimblättrige Testpflanze verwandt und als ob dies nicht genug wäre, auch noch zusätzliche Rotlichtlampen eingesetzt. Der erste Versuch hingegen, jener also, der unsere Ergebnisse bestätigt hatte, war in Halle nie wiederholt worden – mit der vorgeschobenen Begründung, daß der festgestellte Unterschied auch in einer Streuung im Keimverhalten zu suchen sein könnte! Diese Möglichkeit hätte in der Tat bestanden, allerdings wäre es ein Leichtes gewesen, sie mit einer entsprechend hohen Anzahl an Versuchspflanzen statistisch auszublenden. Als wir all diese Einzelheiten erfahren hatten, wußten wir nicht, ob wir lachen oder weinen sollten. Es drängte sich einem jedoch unwillkürlich der Verdacht auf, daß hier ein bestätigendes Resultat nicht erwünscht war. Unsere Ergebnisse waren also trotz anfänglich entgegengesetzt lautender Angaben nicht widerlegt worden.

Nun sind Organismen im allgemeinen, Windegewächse jedoch in besonders hohem Maße, chiral geprägt. Mithin wäre es ausgesprochen erstaunlich, wenn ein von Natur aus linksdrehender Bohnenkeimling, der einmal in und einmal entgegen seiner Wachstumsrichtung gedreht wird, auf den beiden mit gleicher Geschwindigkeit rotierenden Drehtellern *kein* unterschiedliches Wachstumsverhalten zeigen würde! Um zu aussagekräftigeren Resultaten zu kommen, verwandten wir daher für spätere quantitative Vergleichsuntersuchungen atmende Hefezellen. Diese vermehrten sich stärker bei Linksdrehung. Bereits Pasteur hatte festgestellt, daß sich bestimmte Hefen nur von einer optischen Variante der Weinsteinsäure nähren und somit gleichfalls über eine deutliche Rechts-Links-Asymmetrie verfügen müssen. Wenn sich jedoch atmende Hefezellen bei Linksdrehung und (wie gleich zu erfahren) gärende bei Rechtsdrehung tatsächlich stärker vermehren, hätte der Mensch hier eine bislang völlig ungenutzte Möglichkeit, mit primitivsten physikalischen Mitteln die Geschwindigkeit hochkomplizierter bio-chemischer Prozeßabläufe entscheidend mitzubestimmen. Die Raumseiten Rechts und Links würden, je nach Untersuchungsgut, den Charakter meßbarer energetischer Vektoren annehmen.

Am 25. 9. 80 erhielten wir einen Brief von Professor Taubeneck aus Jena, in dem er uns mitteilte, daß er vom stellvertretenden Minister für Wissenschaft und Technik, Dr. Hilpert, in seiner Eigenschaft als Vorsitzender der Biologiegruppe des Forschungsrates aufgefordert worden war, die Problematik der aufgezeigten Wachstumsbeeinflussung in einer Expertenberatung zu behandeln. Ferner sollten in seinem Institut mehrere Mikroorganismenversuche durchgeführt werden, um zu einer Überprüfung unserer Arbeitsaussagen zu kommen. Wir übermittelten eine Dokumentation unserer bisherigen Ergebnisse und beschrieben den genauen Versuchsablauf.

Die Hefezellversuche in Jena fanden dann aber trotzdem unter anderen Bedingungen statt. Dr. Jakob aus Jena, der die Experimente durchführte, hatte die Zellen unter Luftabschluß aufbewahrt, so daß die Versuche letztlich nicht mit atmenden sondern mit gärenden Hefezellen durchgeführt worden waren. Interessanterweise kam der Mitarbeiter von Professor Taubeneck auch dabei zu einem deutlichen Wachstumsgewinn, allerdings nicht auf der linken sondern auf der rechten Scheibe! Aber anstatt diese Asymmetrie ernsthaft zu untersuchen und auszuwerten, wurde sie als »Gegenbeweis« für das von uns beobachtete, entgegengesetzt gerichtete Phänomen bei atmenden Hefezellen verwandt!

Nach einer Vorbesprechung in Jena fand dann am 4. Juni 1981 die angekündigte Beratung zum Erfindungskomplex »Beeinflussung der Entwicklung räumlich orientierter Materiebausteine« im Institut für Biochemie der Pflanzen der Akademie der Wissenschaften in Halle statt. Anwesend waren

Professor Taubeneck als Tagungsleiter, Professor Schreiber vom Institut für Biochemie der Pflanzen in Halle, Professor Hendrik vom Klinikum Berlin Buch, Professor Höhne vom Zentralinstitut für Molekularbiologie Berlin, Dr. Heitmann vom Institut für Technische Mikrobiologie Berlin, Dr. Jakob aus Jena, unsere Laborantin Frau Zschieschang, Dr. Ritschel und ich.

Nach Darlegung unserer Standpunkte kam es zu einer kontroversen Diskussion, in deren Verlauf der Vorwurf fehlender statistischer Signifikanz wiederholt wurde. Da dies vorauszusehen war, hatten wir in den vorangegangenen Wochen erneut umfassende Versuche mit atmenden Hefezellen durchgeführt. Dabei verwendeten wir Reinkulturhefen aus dem Bezirkshygieneinstitut Berlin-Pankow. Die Keimfreiheit erleichterte die Untersuchungen und ermöglichte den Einsatz von Zählkammern. Um subjektive Fehler so gering wie möglich zu halten, zogen wir für die Zellzahlmessungen der Kontrollversuche unterschiedliche Personen heran.

Aus den Ergebnissen errechneten wir, daß mit 99,9prozentiger Wahrscheinlichkeit ein Unterschied zwischen dem Zellwachstum der links- und der rechtsgedrehten Schale vorlag. Durch Extinktion im sichtbaren Wellenlängenbereich des Lichtes wurden die Werte der Meßreihen zusätzlich objektiviert. Das Wachstum auf der linksgedrehten Scheibe war eindeutig stärker. Dieses Ergebnis konnte an weiteren Versuchsserien mit bis zu 108 Beobachtungen bestätigt werden. Eine schriftliche Dokumentation sämtlicher Daten, die nunmehr den sicheren statistischen Nachweis aufzeigten, hatten wir nach Jena mitgenommen. Diese legten wir dem Gremium mit der Bitte um Kenntnisnahme vor. Professor Taubeneck aber ignorierte unsere Bitte, ja er schlug die Unterlagen mit dem von ihm selbst geforderten Nachweis nicht einmal auf!

Professor Hendrik, der Ärztliche Direktor des Klinikums Berlin Buch, bemühte sich im Verlaufe der Diskussion mehrmals darum, daß die von uns begonnenen Arbeiten zur Krebsproblematik an seiner Einrichtung offiziell weiterge-

Versuchs Nr.	Messung nach Tag	Meßwert Links (l)	Meßwert Rechts (d)	Normierung l/d
1	1	2	0,535	0,480	1,115
2		3	0,540	0,470	1,149
3		4	0,550	0,555	0,991
4		7	0,985	0,905	1,088
5	2	2	0,535	0,495	1,081
6		3	0,540	0,525	1,029
7		4	0,780	0,730	1,068
8		7	0,920	0,880	1,045
9	3	2	0,550	0,480	1,146
10		3	0,545	0,460	1,185
11		4	0,575	0,515	1,117
12		7	0,960	0,850	1,129
13	4	2	0,535	0,515	1,039
14		3	0,515	0,610	0,844
15		4	0,670	0,650	1,031
16		7	0,800	0,785	1,019
17	5	2	0,585	0,585	1,000
18		3	0,640	0,605	1,058
19		4	0,755	0,700	1,079
20		7	0,935	0,875	1,069
21	6	2	0,600	0,570	1,053
22		3	0,655	0,605	1,083
23		4	0,760	0,700	1,086
24		7	1,150	1,150	1,000
25	7	2	0,610	0,560	1,089
26		3	0,645	0,610	1,057
27		4	0,750	0,755	0,993
28		7	0,890	0,900	0,989
29	8	2	0,610	0,615	0,992
30		3	0,645	0,660	0,977
31		4	0,720	0,740	0,973
32		7	0,840	0,840	1,000
33	9	2	0,615	0,585	1,051
34		3	0,645	0,610	1,057
35		4	0,715	0,655	1,092
36		7	0,830	0,725	1,145

führt werden könnten. Dazu versuchte er, die notwendige Unterstützung durch den Forschungsrat zu erreichen (und zwar bei Abtrennung aller anderen Themen, die von der Patentanmeldung eventuell sonst noch berührt wurden). Seine Forderungen und Vorschläge wurden rundweg abgelehnt.

Die Mehrheit der Tagungsteilnehmer gelangte zu der Auffassung, daß die von uns beobachteten Effekte in keinem kausalen Zusammenhang mit bekannten naturwissenschaftlichen Tatsachen stünden. Weitere Versuche würden einen sehr hohen geistigen und materiell-technischen Aufwand bedeuten, für den es in der Arbeitsgruppe der Erfinder keine Voraussetzungen gäbe und der auch an anderer Stelle nicht zu vertreten wäre. Aufgrund dieser Einschätzung wurde im Abschlußprotokoll die Empfehlung ausgesprochen, die Bearbeitung des Erfindungskomplexes nicht in die Pläne für Forschung und Entwicklung aufzunehmen.

Wenige Tage später wurden uns alle weiteren Versuche im Klinikum untersagt. Für uns bedeutete dies den härtesten Schlag in all den Jahren verzweifelten Anrennens gegen unsichtbare Wände. Waren wir wirklich in die Irre gegangen, hatten wir in unzulässiger Weise verallgemeinert oder sollte hier ein Projekt abgewürgt und aus der öffentlichen Diskussion genommen werden, das andernorts längst für geheime Forschungen genutzt wurde? Wir vermochten es nicht zu sagen, denn eine ernsthafte Auseinandersetzung mit unseren Arbeiten hatte nie stattgefunden und eine Fortführung der Experimente war unter den Bedingungen des zentralistisch gesteuerten Wirtschaftsbetriebs nicht möglich. So blieb uns nur die Chance, in individuellen Gesprächen, so jüngst mit Nobelpreisträger Professor Manfred Eigen vom Max-Planck-Institut in Göttingen, unsere Positionen darzulegen und weitere Forschungen auf diesem Gebiet anzuregen. Noch immer klingt uns ein Satz von Professor Max Steenbeck im Ohr: »An diesem Problem werden Wissenschaftler der ganzen Welt noch in hundert Jahren ihr Brot verdienen.«

Was ist Links? Eine Begriffsbestimmung

Die Beantwortung der obenstehenden Frage mutet geradezu beleidigend einfach an. Bei eingehender Überlegung
jedoch wird bald klar, daß die Zuweisung von Rechts und
Links im Raum, wie wir sie im Alltag gebrauchen, in letzter
Konsequenz immer wieder von der eigenen Sicht oder
Händigkeit ausgeht – mithin recht subjektiver Natur ist. In
der Tat sind wir nicht ohne weiteres imstande, den Bewohnern einer fernen Galaxis zu übermitteln, welche Richtungen wir mit diesen beiden Begriffen kennzeichnen, es sei
denn, wir könnten gemeinsam mit den Fremden ein asym-
metrisches Objekt oder eine für beide Planeten gültige
Bewegungsrichtung beobachten. Die Physiker bezeichnen
diese verblüffende Hilflosigkeit als Ozma-Problem.

Für die Beschreibung der in diesem Buch aufgezählten
Phänomene benötigen wir indes ein begriffliches Instru-
mentarium, das Rechts und Links für die Körperseite
bzw. Blickrichtung, die Kreisbahn und die Spirale eindeutig festlegt. Dazu folgende Bestimmungen:

1. Da wir Rechts und Links als Richtungszuweisung in
der Regel zur Beschreibung bilateraler Lebewesen verwenden, kommen wir im allgemeinen mit der für Wirbeltiere gültigen anatomischen Festlegung aus, daß die zu
betrachtende Körperseite stets vom Bezugssystem des
untersuchten Tieres aus zu sehen ist, seine rechte Vorder-
pfote also unserer rechten Hand entspricht et cetera. (Die
Raumzuweisungen an radialsymmetrischen Gebilden –
Seesternen, Blüten oder Kristallen – sowie biochemischen
und atomaren Strukturen werden an entsprechender Stelle gesondert erklärt.)

2. Die Definitionen von Rechts und Links für die Kreis-
bewegung gehen wie üblich von der Uhrzeigerrichtung
aus. Die Bewegung, die der Zeiger einer gewöhnlichen
Analoguhr vollführt, wird als rechtsläufig bezeichnet, die
Bewegung entgegen dem Uhrzeiger als linksläufig. Der
so festgelegte Lauf der Zeiger hängt vielleicht mit der
Konstruktion primitiver Sonnenuhren zusammen. Um
300 v. Chr. baute der babylonische Priester und Gelehrte
Berossos die erste Sonnenuhr mit halb-kreisförmigem
Zifferblatt; um die Zeitenwende wurden in Rom sogar
Taschen-Sonnenuhren für Reisende verfertigt. Bekanntlich dreht sich unsere Erde von Osten nach Westen an der
Sonne vorbei, die Sonne folgt ihrer scheinbaren Bahn
über dem Äquator. Sowohl auf der Nord- als auch auf
der Südhalbkugel würde der Schatten eines senkrecht in
den Boden gesteckten Stabes vom Sonnenaufgang bis
zum Sonnenuntergang von Westen nach Osten wandern
und jeweils zur Mittagsstunde in Athen leicht nach Norden, in Kapstadt leicht nach Süden weisen. Für den vor
der Öffnung der halbkreisförmigen Skala stehenden Betrachter aber beschreibt dieser Schatten auf der Nordhalbkugel eine Rechtsbewegung und auf der Südhalbkugel eine Linksbewegung (Abb. 72). Da die ersten Sonnenuhren, wie erwähnt, nördlich des Äquators entstanden,
ist es durchaus möglich, daß sich ihre Einteilung aus Ge-
wöhnungsgründen später auch beim Zifferblatt der me-
chanischen Uhren durchgesetzt hat.

3. Die unterschiedliche Festlegung von Rechts und Links
bei der Spiral- oder Schraubenbewegung hat immer wieder Meinungsverschiedenheiten zwischen Zoologen und
Botanikern heraufbeschworen und schließlich zu der
wahrhaft salomonischen Entscheidung geführt, die bevorzugte Wachstumsrichtung der Schlingpflanzen als
linksgewunden aber rechtsgeschraubt zu bezeichnen.
Diese Definition ist deshalb so wichtig, weil sie sämtliche
Wissensgebiete durchzieht. So zwingt sie beispielsweise

die Biochemiker zu erklären, wie linksdrehende Isomere von Aminosäuren rechtsgedrehte Proteine aufbauen sollen und stellt den Ornithologen vor das Paradoxon, daß ein über die linke Körperseite auffliegender Vogel einen Linksbogen als Segment einer Rechtsspirale beschreibt! Überdies ist sie ein wirklich bemerkenswertes Beispiel dafür, was eine als eindeutige Formbeschreibung gedachte und dafür zweifellos brauchbare Faustregel anrichten kann, wenn sie unkritisch zur Beurteilung von Entwicklungs- und Wachstumsprozessen herangezogen wird. (Im Kapitel zur Biochemie wird auf ein ähnlichgeartetes Problem eingegangen, die Neubewertung der ursprünglich mit »dexter«, also rechtsdrehend, bezeichneten Milchsäure als Linksisomer.)

Der Botaniker geht bei der Einstufung der Windepflanzen von der Kreisbewegung der Sproßspitze aus. Erfolgt diese Bewegung, von oben gesehen, entgeen dem Uhrzeigersinn, spricht er von Linkswindern (Abb. 73a), im umgekehrten Fall von Rechtswindern (Abb. 73b). Der Zoologe hingegen bezeichnet eine Spirale als rechtsgeschraubt, wenn sie dem Lauf einer rechtsgewundenen Holzschraube folgt. Diese Schraube jedoch wurde nicht etwa definiert, sondern, ganz wie die »Drehung im Uhrzeigersinn«, seit Jahrhunderten im Sinne einer technischen Übereinkunft verwendet – stellt also ihre eigene Definition dar. Ausschlaggebend für die Benennung als »Rechtsgewinde« war dabei nicht, daß sie in Uhrzeigerrichtung gewunden wäre, das ist auch gar nicht der Fall (Abb. 74a), sondern weil sie sich, vom Schraubenkopf aus gesehen, anscheinend (!) mit einer Rechtsdrehung ins Holz frißt. Modernere Auslegungen gehen von der Richtung der sichtbaren und verdeckten Umgänge aus (Abb. 74b). Im ersten Falle bleibt die Translation (also die Richtung des Vortriebs), im zweiten die Kreisbewegung unberücksichtigt. Nimmt man die leicht dezentral gelegene Spitze oder irgendeinen beliebigen Punkt ihrer Umgänge zum Maßstab, beschreibt eine rechtsgewundene

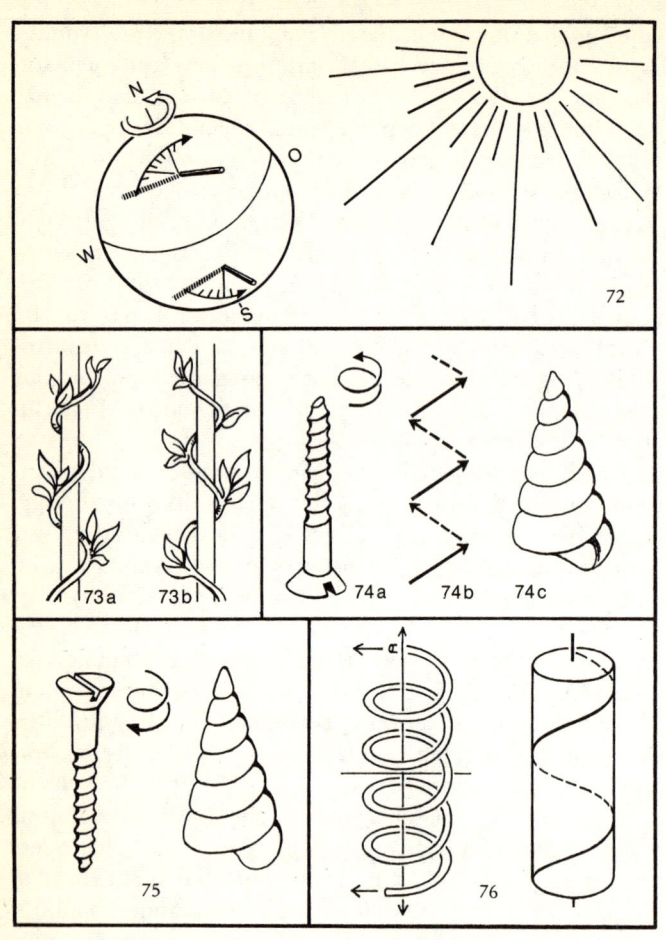

Abb. 72 – 76 Arbeitsdefinitionen Links und Rechts (Krebs)

Schraube dieselbe Bewegung wie die Mehrzahl der Windepflanzen und Schnecken – eine Linksdrehung! Wollten wir eine solche Schraube durch die Zimmerdecke bohren, würde der über uns wohnende Mieter die Frucht unserer Bemühungen zwar sicherlich äußerst mißmutig, aber nichtsdestoweniger entgegen dem Uhrzeigersinn, also linksherum, auf sich zuwachsen sehen.

Die zoologische Übertragung des Schraubengewindes auf die Schnecke erfolgte lediglich auf Grund seiner gleichfalls konischen Struktur einerseits und der Anschrägung der Windungen im Raum andererseits (Abb. 74 c). Eine Gegenüberstellung von Schraube und Schnecke zur Charakterisierung von Wachstum und Entwicklung müßte jedoch genau umgekehrt erfolgen (Abb. 75). Die Drehung der Windepflanzen von unten nach oben entgegen dem Uhrzeigersinn erfolgt also richtungsgleich zum Wachstum der Schnecken von oben nach unten im Uhrzeigersinn. In beiden Fällen handelt es sich um Linksphänomene! Und die Mehrzahl der Schnecken ist folglich nicht rechts- sondern linksgewunden! Bedauerlicherweise wurde die Holzschraube auch immer wieder zur Festlegung der Windungsrichtung von Spiralen in anderen Bereichen herangezogen. Nichtsdestoweniger ist sie – als unveränderliches Objekt einer Bewegung – zur Verdeutlichung von Lebens- und Wachstumsprozessen nur bedingt geeignet. Wir werden uns also ein neues begriffliches Instrument zulegen müssen, das uns auf den Seiten dieses Buches begleiten wird:

Eine Wachstumsstruktur oder Schraubenbewegung, die senkrecht und fixiert auf die Achse ihrer Resultierenden gestellt, eine aufwärts gerichtete Translation mit einer Kreisbewegung entgegen dem Uhrzeiger beschreibt, wird linksgewundene Spirale oder Normspirale genannt (Abb. 76). Dabei ist es irrelevant, welches Ende der Spirale betrachtet wird. Diese Normspirale entspricht in ihrer Laufrichtung der bevorzugten Windungsrichtung der Windepflanzen und schraubenförmigen Bakterien, der

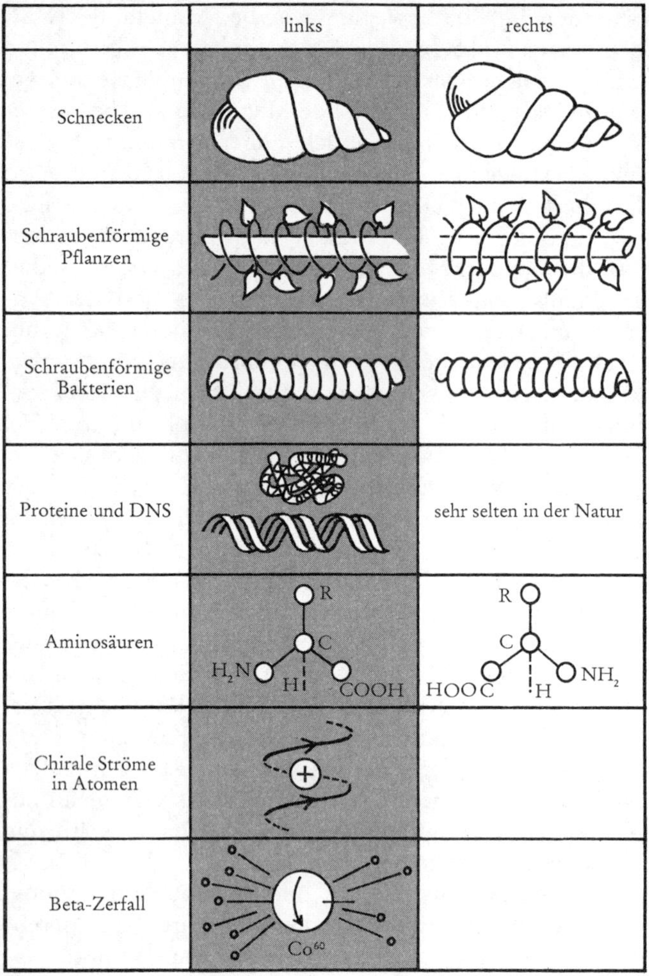
links
rechts
Schnecken
Schraubenförmige Pflanzen
Schraubenförmige Bakterien
Proteine und DNS
sehr selten in der Natur
Aminosäuren
R
C
H_2N
H
COOH
R
C
HOOC
H
NH_2
Chirale Ströme in Atomen
Beta-Zerfall
Co^{60}

Abb. 77 Bevorzugte Wachstums- oder Bewegungsrichtungen von Organismen und Elementarteilchen (verändert nach Hegstrom/Kondepudi) vorrangigen Baurichtung der Schneckengehäuse, der Alpha-Helix der Proteine und der Desoxyribonukleinsäure sowie der natürlichen chiralen Ströme in den Atomen (Abb. 77).

Über diese Arbeitsdefinitionen hinaus, wird im Kapitel über physikalisch-technische Aspekte noch auf die sogenannte Linke- und Rechte-Hand-Regel eingegangen, die für die Modellbeschreibung physikalischer Felder und Elementarteilchenbewegungen von Bedeutung ist. So handelt es sich bei der Bewegungsform der im unteren Feld von Abb. 77 dargestellten Mehrzahl der Elektronen nicht um eine Schraube, sondern um eine linksgerichtete Ausstrahlung, die in diesem speziellen Falle mit der linkshändigen zusammenfällt.

Links = Weiblich? Gedanken zu einem Mythos

Hermann Weyl verdeutlichte die Zwitterstellung der Rechts-Links-Polarität zwischen Mythos und Wissenschaft an einer Gegenüberstellung der Aussagen von I. Kant und G. W. Leibniz:

»Kants Ansicht scheint die folgende gewesen zu sein: Wenn der erste Schöpfungsakt Gottes die Erschaffung einer linken Hand gewesen wäre, dann hätte diese Hand, selbst zu einer Zeit, wo sie sich mit nichts anderem vergleichen ließ, den spezifischen Charakter von Links besessen, welcher nur anschaulich, aber niemals begrifflich erfaßt werden kann. Leibniz widerspricht: Seiner Meinung nach hätte es keinen Unterschied gemacht, wenn Gott zuerst eine ›rechte‹ statt einer ›linken‹ Hand geschaffen hätte. Man muß die Schöpfung der Welt einen Schritt weiter verfolgen, ehe ein Unterschied zutage treten kann. Hätte Gott, anstatt erst eine linke und dann eine rechte Hand zu schaffen, mit einer rechten angefangen und dann noch eine rechte gebildet, so hätte er den Weltenplan nicht im ersten sondern im zweiten Akt verändert, durch das Hervorbringen einer Hand, die zu dem erstgeschaffenen Exemplar gleichsinnig anstatt gegensinnig gewesen wäre. Das wissenschaftliche Denken stellte sich auf Leibnizens Seite. Das mythische Denken hat immer die entgegengesetzte Ansicht vertreten.«

Die Verbindung der Rechts-Links-Polarität mit mystischen Vorstellungen von Leben und Tod klang verschiedentlich kurz an. Auch die invers gewundene Schnecke, die Vishnu in einer seiner vier Hände, dessen Inkarnation Krishna stets in der linken Hand trägt, wird als ein Symbol des ewigen Kreislaufs von Leben, Tod und Auferstehung interpretiert. Die Gleichsetzung zwischen Leben-Tag-Rechts und Tod-Nacht-Links, die der holländische Ethnologe A. C. Kruyt von den Begräbnisriten der Indonesier der mittleren Celebes-Insel beschrieb, begegnet uns auch in europäischen Vorstellungen. Häufig sogar um die Geschlechtskategorien ergänzt. Die Sonne wurde demzufolge von Ra bis Apollon als männlich verstanden (frz. le soleil, span. el sol), der Mond (la lune, la luna) dagegen erscheint, beispielsweise in Gestalt der griechischen Selene, als weibliche Göttin (Siehe auch Abb. 43). So trugen die Pelopiden, Nachkommen des Tantalossohnes Pelops, auf dem linken Oberarm das mondhafte Gorgonenhaupt als Zeichen mütterlicher Abstammung, rechts hingegen das väterliche Zeichen. Bei der Versinnbildlichung der scheinbar rechtsläufigen Sonne und der als links aufgefaßten Erde besaß letztere die weibliche Qualität. Wohl nicht zuletzt infolge alter Fruchtbarkeitsriten (vergleiche »Mutter Erde« und »Muttererde«). In der Nilregion genoß die linke oder weibliche Naturseite höhere Achtung als die rechte. Liegt der Fötus im Mutterleib links, so deutet dies nach Meinung der Menschen auf Bali auf die Geburt eines Mädchens, während Rechtslage einen Jungen ankündigt. Von Hippokrates bis ins 18. Jahrhundert hielt sich in Europa beharrlich die Meinung, daß Buben aus dem rechten, Mädchen aus dem linken Eierstock entstünden. Und selbst namhafte Ärzte rieten, den Beischlaf auf der entsprechenden Seite zu vollziehen, um ein Kind des jeweiligen Geschlechts zu zeugen – wurde doch bereits Eva aus einer linken Rippe Adams geschaffen. Für die Zuordnung Links = weiblich gab es aber auch ganz praktische Motive. Schon in frühester Zeit wurde das Gewand der Frau mittels einer Spange über der linken Schulter zusammengehalten. Das ermöglichte ihr, den Säugling, wie auf Marienbildern dargestellt, im linken Arm zu tragen, wobei die rechte Hand für anderweitige Tätigkeiten frei blieb. Der Umhang des Mannes hingegen durfte beim Griff nach dem linksgegürteten Schwert nicht im Wege sein und war demzufolge über der rechten Schulter zusammengesteckt. Ein Relikt dieser historischen Trachtenordnung findet sich in der linken bzw. rechten Knopfleiste der zeitgenössischen

Frauen- und Männermode. Auch auf dem Doppelthron saß der Herrscher – vom Untertan aus gesehen – rechts, die Herrscherin links. Anzumerken bleibt, daß die mit Links so häufig verbundene Negativvorstellung nach J. J. Bachofen in den Zeiten des Matriarchats und der mit ihm einhergehenden Höherbewertung der Frau, deutlich zurückgegangen ist.

Die Verknüpfung von Rechts und Links mit den Geschlechtskategorien taucht seit Jahrhunderten immer wieder als halb mystisches, halb wissenschaftliches Thema auf und erhielt in verbrämter Form neue Nahrung als J. W. Goethe 1831 seine Schrift über die ›Spiraltendenz in der Vegetation‹ veröffentlichte, in der er das »männliche, vertikal aufsteigende, verharrende« Prinzip dem »spiralig fortschreitenden, vermehrenden und ernährenden« weiblichen gegenüberstellt.

Schon E. Moevus entdeckte, daß die Herausbildung der geringfügigen Geschlechtsunterschiede bei der Grünalge Chlamydomonas durch die rechte und linke Form ein und derselben Substanz hervorgerufen wird, während ein stickstoffreiches Medium eine ausschließlich vegetative Vermehrung bewirkt. Aber auch von nachträglichem Geschlechtswandel wird berichtet. Und zwar nicht nur bei niederen Lebensformen! So begann die etwas behäbige Henne des Professors F. A. E. Crews von der Universität Edinburgh, die lange Zeit fleißig Eier gelegt hatte und mehrmals Mutter geworden war, sich im Verlauf weniger Monate in ungewöhnlicher Weise zu verwandeln. Ihr wuchs ein kammähnlicher Kopfschmuck und statt ihren Mutterpflichten nachzukommen, krähte sie mit heiserer Stimme die aufgehende Sonne an. Schließlich stellte sie sogar anderen Hennen nach und befruchtete deren Eier, aus denen dann auch tatsächlich Küken schlüpften. Die Ursache dieser rätselhaften Metamorphose konnte erst nach dem Tode des inzwischen weltberühmten Vogels entdeckt werden. Der Eierstock war durch eine starke Tuberkulose zerstört worden. An der Wand des Eierstocks aber hatte sich ein männlicher Samenleiter gebildet. Eine weitere natürliche Geschlechtsumwandlung, über die A. W. Haslett in seinem Buch ›Ungelöste Probleme der Wissenschaft‹ berichtet, findet sich bei einer verbreiteten Meereskrabbenart. Hier sind es die heranwachsenden Männchen, die durch starken Parasitenbefall zuweilen weibliche Geschlechtsmerkmale ausbilden sollen. Hermaphrodite Exemplare, also Tiere, die sowohl über einen ausgebildeten Eierstock als auch über funktionsfähige Hoden verfügen, finden sich nicht selten bei Zackenbarschen und Ringelbrassen. Einige Korallenfische haben gar die Fähigkeit entwickelt, sich entsprechend der lokalen Gegebenheiten sexuell anzupassen – sie können selbst als Alttiere noch ins andere Geschlecht wechseln, wenn dieses zu schwach vertreten ist oder ihnen dessen Situation günstiger erscheint. Eine der merkwürdigsten Metamorphosen schließlich durchlaufen Meereswürmer der Familie Ophyrotrocha. Sie sind in ihrem Jugendstadium (unter 30 Segmenten) männlich, werden beim Heranwachsen weiblich, um sich nach eventuellem Verlust von Körperteilen erneut in Männchen zurückzuverwandeln.

Bei diesen Beispielen stellt sich unwillkürlich die Frage nach den Gründen, die zur Herausbildung der Zweigeschlechtlichkeit führten. Zweifellos sind hochspezialisierte Organismen anfälliger gegenüber einschneidend veränderten Umweltbedingungen (Klimaschwankungen, Nahrungsmangel, Aufkommen natürlicher Feinde). Darüber hinaus haben sie längere Vermehrungszyklen. Es bestand also durchaus die Notwendigkeit, den Prozeß der Sammlung lebenswichtiger neuer Erbinformationen auf zwei Individuen aufzuteilen und dadurch einschneidend zu verkürzen. Das erhöhte zudem die Mutationsrate und beschleunigte die Anpassungsfähigkeit. Fällt trotzdem einmal das eine oder andere Individuum einer sich sexuell fortpflanzenden Tierart vor der Geschlechtsreife aus, führt dies nicht notwendigerweise auch zu einer Verringerung des Nachwuchses, was bei ungeschlechtlicher Vermehrung unweigerlich der Fall wäre. Die Natur bedient sich also eines recht komplexen Sicherungssystems, um ihre hochspezialisierten Schöpfungen vor dem Untergang zu bewahren. Die Frage ist nun, ob es dabei zu über die Geschlechtsfunktionen hinausreichenden Unterschieden zwischen dem männlichen und weiblichen Part kommt, die sich mit den mythischen Kategorien in Einklang bringen lassen.

V. Franz wies in seinem 1924 erschienenen umfänglichen Werk ›Geschichte der Organismen‹ in einer Nebenbemerkung darauf hin, daß die ursprünglichsten Reste der in den Silurmeeren stark verbreiteten Graptolithen (laubsägeblattförmige Anhängsel an quallenähnlichen Schwimmkörpern; Abb. 78) gerade waren, sich im Verlaufe der Evolution erst gekrümmte und schließlich spiralige Strukturen herausbildeten (Abb. 79). Dabei besteht in einem von gleichbleibenden äußeren Faktoren geprägten längerfristigen Zeitraum ein direkter Zusammenhang zwischen Höherentwicklung und Anzahl der Umgänge. Das ist auch nicht allzu verwunderlich, streiften die Graptolithen doch wie Nesselfäden durch das Wasser, um Kleinstlebewesen zu fischen, profitierten also von einer größeren Oberfläche. Interessant wird es jedoch, wenn wir die an sich banale Tatsache, daß eine unter gleichen wachstumsbefördernden Voraussetzungen entstandene längere Spirale entwicklungsgeschichtlich höher steht als eine kürzere, mit einem anderen Phänomen der Urmeere in Zusammenhang bringen – dem Sexualdimorphismus der Kopffüßer. Insbesondere bei den Ammoniten unterscheiden sich die winzigen männlichen Tiere von den riesenhaften weiblichen so sehr, daß sie anfänglich getrennten Arten zugeordnet wurden (Abb. 80). Dabei stimmen beide Geschlechter im Jugendstadium größenmäßig überein. Das Ammonitenweibchen wächst jedoch später weit über das Männchen hinaus, erreicht also mehr Umgänge!

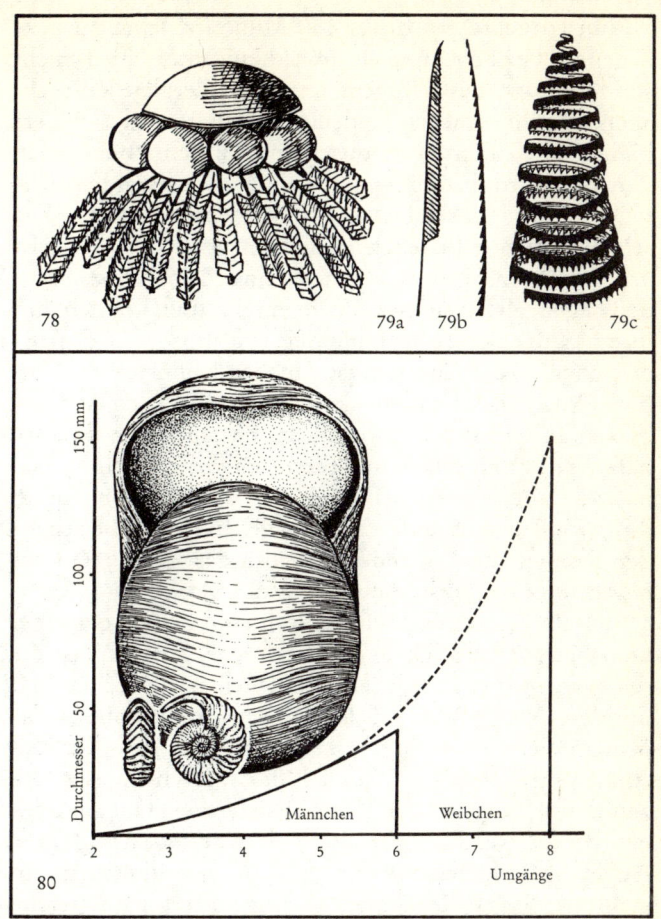

Abb. 78 Graptolithen-Großkolonie (Diplograptus) (nach Hundt); 79
Formenentwicklung der Graptolithen, a) Monograptus nilssoni, b) Monograptus colonus, c) Monograptus turriculatus (nach Zittel); 80 Sexualdimorphismus der Ammoniten: Weibchenschale und Männchenschale
von Quenstedtoceras vertumnum (nach Makowski)

Nun brauchte uns dieser 150 Millionen Jahre zurückliegende Größen- und Entwicklungsunterschied nicht sonderlich zu beschäftigen, wenn wir dergleichen nicht auch an zahlreichen lebenden, insbesondere den völkerbildenden Tierarten beobachten würden. Bei vielen Ameisen wird die Königin nur ein einziges Mal befruchtet und legt dann bis an ihr Lebensende Eier. Die schmächtigen geflügelten Freier hingegen sterben meist unmittelbar nach dem Hochzeitsflug. Termitenköniginnen legen alle paar Sekunden ein Ei und können mit ihrem aufgedunsenen Hinterleib gigantische Ausmaße erreichen. Das Männchen ist daneben kaum wahrzunehmen. Auch, daß die Bienenkönigin die normalen Arbeitsbienen an Größe übertrifft, dürfte bekannt sein. Ebenso, daß die aus unbefruchteten Eiern schlüpfenden Drohnen nach der Begattung, bei der sie ihr Glied einbüßen, an ihrer tödlichen Wunde zugrundegehen. Die Überlebenden werden von den anderen Bienen des Amazonenstaates als unnütze Fresser aus dem Stock gejagt.

Ein ähnlich rabiates Geschlechterverhalten begegnet uns aber auch bei Tieren in Partnerehe. So verspeist die schwarze Witwe ihr Spinnenmännchen nach der Paarung, um dem Nachwuchs auf diese überaus praktische Weise proteinreiche Nahrung zuzuführen. Bei den Tiefsee-Angler-Fischen (Ceratidae) läßt das Weibchen das zwergenhafte Männchen durch seine lederartige Haut am eigenen Blutkreislauf schmarotzen, bis es festwächst, Zähne, Augen und Flossen einbüßt und von seiner Gefährtin im wahrsten Sinne des Wortes durchgefüttert wird (wahrscheinlich, damit sich die beiden in der nachtschwarzen Tiefsee nicht wieder verlieren). Bei der amerikanischen Rennechsenart Cnemidophorus uniparens wurde im Verlaufe der Evolution gänzlich auf die Männchen verzichtet – die Echse pflanzt sich durch Jungfernzeugung (Parthogenese) fort. Das heißt, der Nachwuchs schlüpft aus unbefruchteten Eiern! Und zwar handelt es sich dabei wieder nur um Weibchen! Erwachsen vollführen sie zur Steigerung ihrer Fruchtbarkeit eine Art lesbisches Liebesritual, über das eine radikale Frauenzeitschrift vor kurzem genüßlich berichtete.

Auch bei Haustruthühnern kommt Jungfernzeugung in Gefangenschaft gelegentlich vor. Das Seepferdmännchen bekommt gar den Laich des Weibchens in die Brusttaschen gelegt und hat die Brutpflicht zu übernehmen. Und selbst bei den eher die Mehrzahl bildenden Fällen, in denen das Männchen größer und kräftiger als das Weibchen ist, läßt sich bei eingehenderer Beobachtung oft feststellen, daß dieses Verhältnis aus der Schutz- oder Transportfunktion des Männchens resultiert. So darf der südamerikanische Herkuleskäfer die Lebensgefährtin in seinem gewaltigen Chitinschnabel mit sich herumtragen, beim Schistosomenpaar (dem Erreger der nach ihm benannten Tropenkrankheit) wird das Wurmweibchen vom Männchen wie von einem Futteral umhüllt, transportiert und fortwährend begattet, um bei den periodischen Ausflügen in die feinen Blutgefäße des Wirtskörpers Tausende von Eiern ablegen zu können. Der kräftigere Körperbau und die meist auffälligere Färbung des Männchens dienen zugleich dem Balzverhalten, das davon bestimmt ist, Stärke als Schutz und Gesundheit als Überlebensfaktor anzubieten und zwar sowohl für die Partnerin als auch (in Form der beizusteuernden Erbmasse) für den Erhalt des Nachwuchses und der gesamten Art. Bei der Paarung selbst jedoch besteht Damenwahl.

So müssen Frösche und Hirsche bis zur totalen physischen Erschöpfung Eindruck auf die Auserwählte schinden, bis diese sich gnädig zur Paarung bereit erklärt – falls das Quaken oder Röhren des Konkurrenten nicht lauter schallt. Stichlingsweibchen bevorzugen Männchen mit gesunder tiefroter Bauchfärbung, Wildhühner Hähne mit großen purpurnen Kämmen, Rauchschwalbendamen wählen die Herren nach der Länge der Schwanzfedern aus. Diese Merkmale bezeugen, daß der Gatte bei voller Gesundheit ist und nicht etwa an Parasitenbefall leidet.

Die Männchen der Feuerkäfer balgen sich gegenseitig darum, die Auserwählte an ihrer Hirnspalte saugen zu lassen, damit diese beim Geschlechtsakt auch stillhält, und die phantastisch anmutenden Kopulationsorgane der polygamen Affen erleichtern es der Partnerin, die unerwünschte Paarung zu verhindern. Zu einer Befruchtung kommt es nur bei höchster Stimulanz. Der Evolutionsbiologe Thomas Eisner von der Cornell-University, der die aufgeführten Beispiele zum Balzverhalten in der ›Nature‹ zusammentrug, kommentierte seine Ergebnisse lakonisch mit den Worten: »Sperma ist billig, Eier sind teuer – das ist der grundlegende Unterschied zwischen Mann und Frau.« Wir werden uns also an den für die männliche Eitelkeit nicht sonderlich schmeichelhaften Gedanken zu gewöhnen haben, daß die Genese des Mannes seiner Ontogenese folgt, mit einem Wort: daß nicht Eva aus Adams sondern Adam aus Evas Rippe entsprang.

Die Weiblichkeit scheint sich ihrer Bedeutung auch durchaus bewußt zu sein, wie ein in Moskau durchgeführtes und seitdem vielfach wiederholtes einfaches Tierexperiment bewies. Dazu waren sechs Mäusepaare in einen dunklen Raum gebracht worden, der ein zentimetergroßes Schlupfloch zum hell erleuchteten Nachbarzimmer aufwies. In diesem saß eine Katze. Nach einer knappen halben Stunde waren sämtliche männlichen Mäuse ihrer Neugier zum Opfer gefallen. Die sechs Weibchen hingegen erfreuten sich bester Gesundheit, hockten in ihrer dunklen Zimmerecke und harrten der Dinge.

Geschlechtsspezifische Verhaltensweisen zu interpretieren ist meist ein sehr unsicheres Unterfangen. Nichtsdestoweniger spräche der geschilderte Mäuseversuch wohl am ehesten dafür, daß die Aufteilung der Sammlung von neuen Erbinformationen für die sexuelle Fortpflanzung nicht, wie lange Zeit angenommen, zu gleichen Teilen erfolgt, sondern dem Männchen dabei eine Art Lotsenfunktion zukommt. So werden Männchen von der Natur in größerer Anzahl und Verschiedenartigkeit, al-

lerdings auch mit geringerer Lebenserwartung, hervorge-
bracht. Beim Menschen beispielsweise kommen auf 100
geborene Mädchen etwa 105 geborene Knaben – der Unterschied gleicht sich durch die höhere Sterblichkeit der
Jungen bis zur Geschlechtsreife aus. Statistische Jahrbü-
cher belegen, daß sich die Geburtenrate von Jungen gegenüber Mädchen nach verheerenden Kriegen signifikant
erhöhte! Auch die durchschnittliche Lebenserwartung
der Frau liegt in der Regel Jahre über der des Mannes.
Frauen sind darüber hinaus in Extremsituationen (Hun-
ger, Kälte, Hitze), rein physisch gesehen, überlebensfähiger als Männer. Wenn Männer andererseits die Rekorde
an Langlebigkeit halten, so zeugt das lediglich davon, daß
sie sich stärker unterscheiden als Frauen, um ihre speziellen Aufgaben in der Evolution zu erfüllen. Die Geschichte des wechselnden Verständnisses, oder besser Mißver-
ständnisses, eben jener evolutionären Aufgaben des Mannes ist eine der tragischsten unseres Planeten. Schon der
Verhaltensforscher K. Lorenz wies eindringlich darauf
hin, wie sich der Schutz der Familie und der Horde beim
Höhlenmenschen (bei Angriffen wurden Frauen, Greise
und Kinder in die Mitte genommen) verselbständigte zu
Raub- und Rachefeldzügen gegen andere Sippen (bei denen die Familie zurückgelassen wurde). Schließlich wich
selbst der sinnlich empfundene Anlaß für einen solchen
Überfall der Befehlshierarchie einer modernen Armee,
bei der der Einzelne für Werte in einen Angriffskrieg
zieht, die ihn im Grunde nicht mehr sonderlich berühren,
er also von vornherein weiß, daß er persönlich nichts
gewinnen, aber alles verlieren kann. Durch ihre stärker
auf die Verknüpfung von Rationalem und Emotionalem
ausgerichtete Denkstruktur waren Frauen zu einer derartigen Schizophrenie seit jeher schlechter befähigt. Darauf,
daß sich bei Mädchen zunächst die linke, bei Jungen die
rechte Hirnhälfte stärker entwickelt, wurde bereits im
Kapitel über funktionale Asymmetrien verwiesen, ebenso auf die geschlechtsspezifischen Unterschiede in der

Arbeitsweise des Gehirns von Mann und Frau. Zudem kam ihnen auch ihr biologischer Eigensinn, Leben lieber geben als nehmen zu wollen, in die Quere. All das macht Frauen, sofern sie nicht etwas zu beschützen haben, als Soldaten tendenziell ungeeignet – es sei denn, sie fügten sich in einen psychologischen Rollenwechsel, der in der Tat bessere Verdrängungsmechanismen erfordert. Darüber hinaus stellen sie innerhalb der männlich hierarchischen Machtstrukturen – die von einer Zwei-Drittel-Gesellschaft der Starken ausgehen, den Egoismus des Einzelnen predigen und sich mit einem komplizierten Netz von Statussymbolen umgeben – sowohl mit ihrer ganzheitlichen Sicht, daß auch das häßlichste und ungeratenste der eigenen Kinder doch das eigene Kind bleibt, als auch mit ihrer auf den längerfristigen Erhalt der Familie ausgerichteten genetischen Veranlagung eine erfreulich subversive Kraft dar. In dem Maße, wie sich die politische Linke (der Begriff entstand bekanntlich mit der Sitzverteilung der Liberalen und Konservativen im französischen Parlament) wieder zu ihrem ursprünglichen sozial-utopischen Ansatz bekennt, könnte die alte mythische Verbindung von Links und Weiblich so in der Tat einen ganz neuen, für die Menschheit durchaus hoffnungsvollen Sinn erhalten.

Verwendete und weiterführende Literatur

Die folgenden Literaturangaben dienen in erster Linie dem Quellennachweis, sollen aber auch eine weiterführende Beschäftigung mit der Thematik erleichtern helfen. Ausführlichere Bibliographien zur Rechts-Links-Problematik finden sich in den wissenschaftlichen Sammelwerken der einzelnen Fachgebiete, so bei W. Ludwig zur Zoologie, bei N. N. Bragina und T. A. Dobrochotowa zu den Funktionellen Asymmetrien des Menschen, bei Hückel zur Stereochemie und so weiter.

Babel, N.: Linkshänder sind bessere Menschen. Frankfurt/M. 1992.

Bachofen, J. J.: Das Mutterrecht. Basel 1861.

Beier, W.: Biophysik. Leipzig 1975.

Beust, T.: Unser Sternhimmel. Leipzig, Jena, Berlin 1967.

Bonner, W. R.; Dort, M. A.; Yearian, M. R.: Search for selectivity in interactions of chiral solvated electrons. In: Nature, Jg. 1975.

Boveri, T.: Die Entwicklung von Ascaris megalocephala mit besonderer Berücksichtigung auf die Kernverhältnisse. Jena 1899.

Bragina, N. N.; Dobrochotowa, T. A.: Funktionelle Asymmetrien des Menschen. Leipzig 1984.

Buchik, R.: Sternenkunde und Erdgeschichte. Leipzig 1927.

Büsgen, M.: Bau und Leben unserer Waldbäume. Jena 1927.

Burfield, S. T.: The Spiral in Nature. Liverpool 1927.

Compton, R. H.: On right- and left-handedness in barley. Cambridge 1910.

Compton, R. H.: A further contribution to the study of right- and left-handedness. Cambridge 1912.

Coren, S.: The Left-Hander Syndrom. New York 1992.

Crampton, H. E.: Studies on the variation, distribution and evolution of the genus Partula. Washington 1925.

Daber, R.: Das Einfache und das Komplizierte in der Pflanzenwelt in Struktur und Prozeß. Berlin 1977.

Daber, R.; Helms, J.: Das große Fossilienbuch. Leipzig, Jena, Berlin 1978.

Dalitzsch, H. R.: Pflanzenbuch. Eßlingen, München 1897.

Dankert, W.: Rechts und Links in volks- und völkerkundlicher Sicht. In: Hestia 1965/66.

Ditfurth, H. v.: Im Anfang war der Wasserstoff. München 1981.

Dörfelt, H. (Hrsg.): BI-Lexikon Mykologie. Leipzig 1988.

Dubos, R.: Pasteur and Modern Science. Anchor 1960.

Dunschen, F.: Inversentwicklung und Mosaikabfrage bei Ascaris megalocephala. Roux' Archiv 1929.

Ebeling, W.: Strukturbildung bei irreversiblen Prozessen. Leipzig 1976.

Eigen, M.: Selforganization of Matter and the Evolution of Biological Macromolecules. In: Naturwissenschaften, Jg. 1971.

Einstein, A.: Mein Weltbild. Berlin 1957.

Flach: Über eine rechtsgewundene Rasse der Clausilia (Papillifera) leucostigma Rossm. Aschaffenburg 1907.

Fraas, E.: Der Petrafaktensammler. Stuttgart 1910.

Francé, H.: Harmonie in der Natur. Stuttgart 1926.

Francé, R. H.: BIOS – die Gesetze der Welt. Stuttgart, Heilbronn 1923.

Franz, F.: Geschichte der Organismen. Jena 1924.

Friedrich, W.: Zwillinge. Berlin 1983.

Friedrich, W.; vel Job, E. K. (Hrsg.): Zwillingsforschung international. Berlin 1986.

Fritsch, V.: Links und Rechts in Wissenschaft und Leben. Stuttgart 1964.

Gardner, M.: Das gespiegelte Universum – Links, rechts und der Sturz der Parität. Braunschweig 1967.

Garett, A.: The terrestrial Mollusca inhabiting the Society Islands. Philadelphia 1884.

Gilde, W.: Gespiegelte Welt. Leipzig 1979.

Gnaffron, M.: Right and Left in Pictures. In: Art Quarterly, Jg. 1950.

Goldanskij, V. I.: Chiralität – Voraussetzung des Lebens. In: Wissenschaft und Fortschritt, Jg. 1988.

Gould, J. L. und C. G.: Partnerwahl im Tierreich. Heidelberg 1990.

Granet, M.: La Pensée chinoise. Paris 1934.

Grzimek, B.: Zwanzig Tiere und ein Mensch. Berlin 1975.

Günther, H.: Das Schraubungsprinzip in der Natur. In: Biologisches Zentralblatt, Jg. 1919.

Günther, H.: Die biologische Bedeutung der Inversionen. In: Biologisches Zentralblatt, Jg. 1923.

Guiot, M.: Proizchozdenie idei vremeni. St. Petersburg 1899.

Guldberg, F. O.: Die Circularbewegung als tierische Grundbewegung – ihre Ursache, Phänomenalität und Bedeutung. In: Biologisches Zentralblatt, Jg. 1896.

Hawking, S. W.: Eine kurze Geschichte der Zeit. Frankfurt/M. 1988.

Hegstrom, R. A.; Kondepudi, D. K.: Händigkeit im Universum. In: Spektrum der Wissenschaft 1990.

Herder-Lexikon der Biochemie und Molekularbiologie. 3 Bände. Freiburg, Basel, Wien 1991.

Herder-Lexikon der Biologie. 8 Bände. Freiburg, Basel, Wien 1985.

Hörz, H.; Wessel, H. und K.-F. (Hrsg.): Struktur – Bewegung – Entwicklung. Berlin 1985.

Hörz, H.; Nowinski, C.: Gesetz, Entwicklung, Information. Berlin 1979.

Hückel, W.: Theoretische Grundlagen der organischen Chemie. Leipzig 1956.

Janoschek, R.: Zur Linkshändigkeit in der Natur. In: Naturwissenschaftliche Rundschau 1986.

Kant, I.: Von dem ersten Grunde des Unterschiedes der Gegenden im Raume. Königsberg 1768.

Klähn, H.: Das Problem der Rechtshändigkeit vom geologisch-paläontologischen Gesichtspunkt betrachtet. Berlin 1925.

Kern und Elementarteilchenphysik. Berlin 1988.

Kleine Enzyklopädie Leben. Leipzig 1978.

Kleine Enzyklopädie Natur. Leipzig 1983.

Kleine Enzyklopädie Struktur der Materie. Leipzig 1982.

Kobler, R.: Der Weg des Menschen vom Links- zum Rechtshänder. Wien und Leipzig 1932.

Kög, F.; Erxleben, H.: Hoppe-Seylers Zeitschrift für physiologische Chemie. o. o. 1939.

Kondepudi, D. K.; Nelson, G. W.: Weak neutral currents and the origin of biomolecular chirality. In: Nature 1985.

Krumbiegel, G.; Walther, H.: Fossilien. Leipzig 1977.

Kühn, A.; Hadorn, E.; Wehner, R.: Allgemeine Zoologie. Stuttgart 1972.

Lamy, E.: Quelques mots sur la torsion de la coquille chez les Lamellibranches. Paris 1928.

Die Bahn und der rechte Weg des Lao-tse.Leipzig 1921.

Le-May, M.: Left-Right Dissymmetry, Handedness. In: AJNR, Jg. 1992.

Lee, T. D.: Weak Interactions and Non-Conservation of Parity. In: Les Prix Nobel 1957. Stockholm 1958.

Ley, H.: Struktur – Bewegung – Entwicklung (Aufgaben und Tendenzen). In: Struktur und Prozeß. Berlin 1985.

Libbert, E.: Kompendium der Allgemeinen Biologie. Jena 1976.

Lindner, H.: Das Bild der modernen Physik. Jena, Berlin 1973.

Ludwig, W.: Das Rechts-Links-Problem im Tierreich und beim Menschen. Berlin 1932.

Meyer, R.: Die ursächlichen Beziehungen zwischen dem Situs inversus und dem Situs cordis. In: Roux' Archiv 1913.

Meyer, R. W.: Linkshändig? Ein Ratgeber. München 1991.

Needham, J.: Science and Civilisation in China. Cambridge 1956.

Nicolle, J.: Die Symmetrie und ihre Anwendungen. Berlin 1954.

Noll, F.: Über die verschiedenen Windungsrichtungen der Schlingpflanzen. Hermannstadt 1896.

Norden, B.: The Asymmetry of Life. In: Journal of Molecular Evolution, Jg. 1978.

Nowikow, I. D.: Evolution des Universums. Leipzig 1982.

Oparin, A. I.: Die Entstehung des Lebens auf der Erde. Berlin, Leipzig 1949.

Pasteur, L.: Dissymétrie Moléculaire. In: Œvres de Pasteur. Paris 1922.

Piaget, J.: L'Epistémologie génétique. Genf 1949.

Pressler, K.: Beobachtungen und Versuche über den normalen und inversen Situs viscerum et cordis bei Anurenlarven. In: Roux' Archiv 1911.

Przibram, H.: Die »Scherenumkehr« bei decapoden Crustaceen. In: Roux' Archiv 1908.

Radunskaja, I.: »Verrückte« Ideen. Moskau 1972.

Rapoport, S. M.: Medizinische Biochemie. Berlin 1969.

Reh, L.: Über Asymmetrie und Symmetrie im Tierreiche. In: Biologisches Zentralblatt 1899.

Richter, P. H.; Schranner, R.: Leaf Arrangement – Geometry, Morphogenesis and Classification. In: Naturwissenschaften, Jg. 1978.

Ritschel, M.; Wachtel, S.: Ein interdisziplinärer Beitrag zur Evolutionstheorie. Dissertationsschrift, Berlin 1987.

Rompe, R.; Treder, H.-J.: Quantenpostulate, Atommodell und Meßprozeß. In: Wissenschaft und Fortschritt, Jg. 1985.

Sachs, H.; Badstübner, E.; Neumann, H.: Christliche Ikonographie in Stichworten. Leipzig 1980.

Sagan, C.: …und werdet sein wie Götter. Das Wunder der menschlichen Intelligenz. München, Zürich 1978.

Schmidt, R. F.; Thews, G.: Physiologie des Menschen. Berlin, New York, Tokio 1987.

Schubert, R.; Wagner, G.: Pflanzennamen und botanische Fachwörter. Leipzig, Radebeul 1988.

Sergejew, B. F.: Müssen Fische trinken? – Eine unterhaltsame Physiologie. Leipzig 1973.

Speemann, H.: Über die Determination der ersten Organanlagen des Amphibienembryo. In: Roux' Archiv 1918.

Speemann, H.; Falkenberg, H.: Über asymmetrische Entwicklungen und Situs inversus viscerum bei Zwillingen und Doppelbildungen. In: Roux' Archiv 1919.

Sperry, R.: Some general aspects of interhemispheric integrations. In: Interhemispheric Relations and Cerebral Dominance. Baltimore 1967.

Sperry, R.: A modified concept of consciousness. In: Physiological Review, 1969.

Springer, S. P.; Deutsch, G.: Linkes und rechtes Gehirn. Heidelberg 1990.

195

Stier, E.: Untersuchungen über Linkshändigkeit. Jena 1911.

Strasburger, E. u.a.: Lehrbuch der Botanik. Stuttgart, New York 1983.

Strassen, O. L. zur: Embryonalentwicklung der Ascaris megalocephala. In: Roux' Archiv 1896.

Struktur und Formen der Materie. Berlin 1969.

Tembrock, G.: Biokommunikation. Berlin 1971.

Tembrock, G.: Verhaltensforschung. Jena 1964.

Tokarew, S. A.: Die Religion in der Geschichte der Völker. Berlin 1976.

Treder, H.-J.: Philosophische Probleme des physikalischen Raumes. Berlin 1974.

Ulrich, K.: Vergleichende Biochemie der Tiere. Stuttgart, New York 1990.

Urania Pflanzenreich in drei Bänden. Leipzig, Jena, Berlin 1973.

Urania Tierreich in 18 Bänden. Leipzig, Jena, Berlin 1971.

Varge: Fortschritte der experimentellen und theoretischen Biophysik. Leipzig 1976.

Werner, F.: Asymmetrie im Tierreich. In: Naturwissenschaftliche Wochenschrift, Jg. 1915.

Weyl, H.: Symmetrie. Basel und Stuttgart 1955.

Wildmann, E. E.: Why do ciliated animals rotate counterclockwise while swimming? In: Science, 1926.

Wölfflin, H.: Über das Rechts und Links im Bilde. In: Jahrbuch der bildenden Kunst 1928.

Wörterbuch der Pflanzenphysiologie. Jena 1984.

Yang, C. N.: The Law of Parity Conservation and other Symmetry Laws of Physics. In: Les Prix Nobel 1957. Stockholm 1958.

Zazzo, R.: Les Jumeux, le couple et la personne. Paris 1960.

Register

Sachbücher zur Zeitgeschichte

Aktuelle Politik

Liane v. Billerbeck, Frank Nordhausen:
Der Sekten-Konzern. *Scientology auf dem Vormarsch*

Martin Flug:
Treuhand-Poker. *Die Mechanismen des Ausverkaufs*

20. Jahrhundert

Heinz Knobloch:
Der arme Epstein. *Wie der Tod zu Horst Wessel kam*

Gerhard Remdt, Günter Wermusch:
Rätsel Jonastal. *Die Geschichte des letzten »Führerhauptquartiers«*

Biographien

Ulrich Chaussy:
Die drei Leben des Rudi Dutschke

Jochen Černý (Hg.):
DDR – Wer war wer?
Ein Lexikon mit 1515 Kurzbiographien

Literarische Publizistik

Christoph Dieckmann:
Die Zeit stand still, die Lebensuhren liefen
Geschichten aus der deutschen Murkelei

Alexander Osang:
Aufsteiger – Absteiger
Karrieren in Deutschland

Ch.Links Verlag
Zehdenicker Straße 1
10119 Berlin
Telefon (030) 2 81 61 71
Fax (030) 2 83 34 35

Konrad Lorenz
im dtv

Er redete mit dem Vieh,
den Vögeln und den Fischen

Unaufdringlich und humorvoll
schildert Lorenz die differen-
zierten Verhaltensweisen der
Tiere, die sein Haus in Altenberg
bei Wien bevölkert haben.
dtv 30053
(auch als dtv großdruck 25067)

So kam der Mensch auf den Hund

Der Hundebesitzer Lorenz zeigt
Entwicklungsgeschichte und
Verhaltensformen dieser Tierart
auf und erzählt mit viel Humor
von seinen Beobachtungen und
persönlichen Erfahrungen.
dtv 30055

Das sogenannte Böse
Zur Naturgeschichte der Aggression

Ein Schlüsseltext unserer gegenwärtigen menschlichen Selbst-
erkenntnis mit epochalem Rang,
der eine fruchtbare und nützliche
Diskussion über die natürlichen
Grundlagen des menschlichen
Daseins in Gang gesetzt hat.
dtv 30025

Die Rückseite des Spiegels
Versuch einer Naturgeschichte
menschlichen Erkennens

»Der fortschreitende Verfall unserer
Kultur ist so offensichtlich patho-
logischer Natur, trägt so offensichtlich die Merkmale einer
Erkrankung des menschlichen
Geistes, daß sich daraus die
kategorische Forderung ergibt,
Kultur und Geist mit der Frage-
stellung der medizinischen Wissenschaft zu untersuchen.« dtv 1249

Das Jahr der Graugans

Ein außergewöhnlicher Text- und
Bildband über die Lebens- und
Verhaltensweisen der Graugänse.
Mit 147 Farbfotos.
dtv 1795

Antal Festetics:
Konrad Lorenz

Eine lebendige und anschauliche
Biographie des Nobelpreisträgers
von seinem Schüler und
Weggefährten Antal Festetics.
Mit 250 Fotos.
dtv 11044

Biologie im dtv

Karl von Frisch: Du und das Leben
Einführung in die moderne Biologie
Neu bearbeitet von Martin Lindauer
dtv Sachbuch

Matthias Glaubrecht: Duett für Frosch und Vogel
Neue Erkenntnisse der Evolution
dtv Sachbuch

Natur und Umwelt

Maureen & Bridget
Boland
Was die Kräuterhexen
sagen
Ein magisches
Gartenbuch
dtv 10108

Jügen Dahl:
Nachrichten aus dem
Garten
Praktisches, Nach-
denkliches und Wider-
setzliches aus einem
Garten für alle Gärten
dtv / Klett-Cotta
11164

Die Erde weint
Frühe Warnungen vor
der Verwüstung
Hrsg. v. Jürgen Dahl
und Hartmut Schickert
dtv / Klett-Cotta
10751

Dieter Heinrich /
Manfred Hergt:
dtv-Atlas zur Ökologie
Mit 116 Farbtafeln
dtv 3228

Henry Hobhouse:
Fünf Pflanzen
verändern die Welt
Chinarinde, Zucker,
Tee, Baumwolle,
Kartoffel
dtv / Klett-Cotta
30052

Edith Holden:
Vom Glück, mit der
Natur zu leben
Naturbeobachtungen
aus dem Jahre 1906
dtv 1766

Die schöne Stimme
der Natur
Naturerlebnisse aus
dem Jahre 1905
dtv 11468

Das Horst Stern
Lesebuch
Herausgegeben von
Ulli Pfau
dtv 30327

Liselotte Lenz:
Kleines Strandgut
Farbstiftzeichnungen
dtv 11281

Barry Lopez:
Arktische Träume
Leben in der letzten
Wildnis
dtv 11154

Frederic Vester:
Unsere Welt –
ein vernetztes System
dtv 10118

Neuland des Denkens
Vom technokratischen
zum kybernetischen
Zeittafel
dtv 10220

Ballungsgebiete in der
Krise
Vom Verstehen und
Planen menschlicher
Lebensräume
dtv 30007

Frederic Vester
im dtv

Denken, Lernen, Vergessen
Was geht in unserem Kopf vor, wie
lernt das Gehirn, und wann läßt es
uns im Stich?

Frederic Vester vertritt eine völlig
neue Richtung der Gehirnfor-
schung: die Biologie der Lernvor-
gänge. Ein Testprogramm zeigt
dem Leser, wie er seinen individuellen Lerntyp feststellen und seinen
eigenen »biologischen Computer«
am effektivsten nutzen kann.
dtv 30003

Phänomen Streß
Wo liegt sein Ursprung,
warum ist er lebenswichtig,
wodurch ist er entartet?

»Vester ist es in bewundernswerter
Weise gelungen, die wesentlichen
Zusammenhänge des Streßgesche-
hens in einer auch dem Laien ver-
ständlichen Sprache zu vermitteln.
Sein Buch ist höchst angenehm zu
lesen, gut illustriert und äußerst
instruktiv.« (Professor Hans Selye)
dtv 1396

Unsere Welt –
ein vernetztes System

Ein faszinierender Einblick in die
Gesetzmäßigkeiten von sich selbst
regulierenden Systemen, die vom
Mikrokosmos bis zum Makrokos-
mos die gleichen sind. Anhand vieler anschaulicher Beispiele erläutert
Vester die Steuerung von Systemen
in der Natur und durch den Menschen, und wie wir sie in ihren
Abhängigkeiten und Wechselwirkungen verstehen, beurteilen und
zur Lösung von Problemen ein-
setzen können. dtv 10118

Neuland des Denkens
Vom technokratischen zum
kybernetischen Zeitalter

Das fesselnd und allgemeinver-
ständlich geschriebene Hauptwerk
von Frederic Vester – eine grundlegende und breitgefächerte Orien-
tierungshilfe für alle, die an einer
(über-)lebenswerten Zukunft interessiert sind. dtv 10220

Ballungsgebiete in der Krise
Vom Verstehen und Planen
menschlicher Lebensräume

Eine praktikable Anleitung, die
Zukunft unserer bedrängten Lebensräume nicht mehr der technokratischen Planung zu überlassen,
sondern sie auf der Grundlage bio-
kybernetischen Denkens als vernetztes System zu erfassen und für
die Zukunft zu gestalten. Aktualisierte Neuausgabe. dtv 30007

Frederic Vester/Gerhard Henschel:
Krebs – fehlgesteuertes Leben
Aktualisierte Neuausgabe. dtv 11181

Hoimar v. Ditfurth im dtv

Foto: York-Foto, Freiburg i. Br.

Der Geist fiel nicht vom Himmel
Die Evolution unseres Bewußtseins

Die Entstehung menschlichen
Bewußtseins als notwendiges
Ergebnis einer Jahrmilliarden langen
Entwicklungsgeschichte. dtv 1587

Im Anfang war der Wasserstoff

Ein Report über 13 Milliarden Jahre
Naturgeschichte, angefangen vom
Urknall über die Entstehung des
»Abfallprodukts« Erde, über die
große Sauerstoffkatastrophe, die
Entstehung der Warmblütigkeit
(und damit die Voraussetzung für
das menschliche Bewußtsein) bis
hin zur Möglichkeit interplane-
tarisch-galaktischer Kommunikation.
Durchgehend verzeichnet Ditfurth
dabei das Vorherrschen von Ver-
nunft. dtv 30015

Kinder des Weltalls
Der Roman unserer Existenz

Anhand wissenschaftlicher Erkenntnisse vollzieht Ditfurth nach, warum
auf unserer Erde Leben entstehen
konnte und wie unser Dasein von
ineinandergreifenden kosmischen
Vorgängen abhängt. dtv 10039

Wir sind nicht nur von dieser Welt
Naturwissenschaft, Religion
und die Zukunft des Menschen

»Dies Buch wird in der Überzeugung geschrieben, daß die naturwissenschaftliche und religiöse Deutung
der Welt und des Menschen miteinander in Einklang zu bringen sind.«
(Hoimar von Ditfurth)
dtv 30058

Innenansichten eines Artgenossen
Meine Bilanz

Ditfurths letztes und reifstes Buch –
das Weltbild eines Denkers, der die
Grenzen zwischen den Wissenschaften überschritten hat. dtv 30022

Hoimar v. Ditfurth/Dieter Zilligen:
Das Gespräch
Mit zahlreichen Fotos

Hoimar v. Ditfurths letztes Inter-
view. Ein kraftvolles Vermächtnis des
großen Publizisten, Mahners und
Warners. dtv 30329

Zusammen mit Volker Arzt:

Dimensionen des Lebens
Reportagen aus der Naturwissenschaft auf der Grundlage der
Fernsehreihe »Querschnitte«.
dtv 1277

Querschnitte
Reportagen aus der
Naturwissenschaft
Zehn weitere Beiträge aus der
erfolgreichen Fernsehserie »Quer-
schnitte« in Buchform. dtv 30054

›Vom Glück,
mit der Natur zu leben‹

Vom Glück,
mit der
Natur zu leben
Das Tagebuch
der
Edith Holden

dtv

dtv 30049

Die schöne Stimme
der Natur
Das frühe Tagebuch
der Edith Holden

dtv

dtv 30027

Naturbeobachtungen
aus dem Jahre 1906.
Mit zahlreichen farbigen
Illustrationen.
Blatt für Blatt dieses Tage-
buches zeugt von Edith
Holdens Liebe zur Natur
und ihrer Begabung,
das Erlebte empfindungs-
reich zu vermitteln.

Es war eine Sensation
in England, als man 1988,
zehn Jahre nach dem
Welterfolg ihres ersten,
Edith Holdens zweites,
aber früheres Natur-
tagebuch aus dem Jahr
1905 entdeckte, dessen
Authentizität durch
Sotheby zweifelsfrei
festgestellt wurde.
Auch diese Aufzeich-
nungen enthalten
meisterhafte Aquarelle.